一次學會法國最具代表性甜點大師的拿手絕活，帶你一窺法國甜點的魅力

60位 法國甜點大師
的招牌甜點

致謝

感謝朱莉 · 馬蒂厄，感謝她從一開始就給予我的信任，沒有她，我不可能寫出這本書。

感謝穆里爾和克雷爾，感謝她們的支持。

感謝父母對我的愛。

感謝蘿拉 · 馬丁，感謝他的付出和樂觀。

感謝羅曼的耐心。

感謝朋友們對我的信任。

感謝尼古拉斯。

感謝所有的烘焙師們，感謝他們的善意、友好和慷慨。

感謝瑞吉兒，感謝湯瑪斯。

感謝斯特凡和他善良的心。

感謝家人的愛，感謝我的達尼，感謝她的愛與溫柔。

感謝大衛，安東莞和卡米爾，感謝他們的開放和溫和。

感謝所有和我一起工作過的人，我是那麼的幸運。

感謝這些主廚們和他們豐富的寶藏。

感謝瑪麗 · 鮑曼，在她的努力下我才得以完成這本書。

PRÉFACE

吃甜點，似乎是非常簡單的一件事情。咬下去以後，糕點的香味彌漫開來，短暫地品味過後，快速地吞嚥，這就完成了吃甜點的所有步驟。但製作甜點並非那麼簡單，烘焙的歷史也經歷了一個逐漸發展、成熟的過程。從麵包坊裡的糕點到宮廷上的珍寶，再到帶著櫥窗的糕點店，所有的烘焙師們逐漸在一點上達成共識，那就是——尊重自然，聽從自然和時令的要求。我們不該在覆盆子還未長出的時候就去製作覆盆子塔，這就像把犁放在牛的面前，既不自然，也不符合規律，然而形成這些認知需要時間。

每一位烘焙師往往都有烹飪大師的一面，因為在製作糕點的時候，他們也會去調味、浸泡、煎煮。烘焙的甜蜜是真實而美妙的，糕點應季而生，它們的不同帶給烘焙無盡的新奇和魅力。

有些烘焙師製作糕點的靈感來自於童年的記憶，另一些則來自法國傳統美食之中。有人從雕塑中汲取新意，也有人的創作得益於對某種情感的體會，或是來自一首歌曲。他們的想法與靈感帶來前所未見、源源不絕的創新。這些美麗的書頁展示巧克力甜點、豐富的水果塔、旅行時可攜帶的餅乾和蛋糕、速成蛋糕、榛果糕點、還有地方特色和品質頂尖的水果。

當烘焙師完成一種甜點的製作，這甜點的命運就交給了未知。我們可不可以只吃圓蛋糕的心呢？或是去掉國王餅上面的一層酥皮？再或者把修女泡芙（雙球泡芙）的上半部拿走？或許有人會舔掉聖特羅佩蛋糕上的奶油，留下剩餘的部分？再想想，會不會有人把酥脆的布列塔尼沙布列餅乾遺落在雨天的摩托車上呢？烘焙師的工作在糕點完成的那一刻就結束了，之後會怎麼樣，誰能知道？甜點的未來是給每一個人的，甜點們會有不同的命運。也許有人會使用刀叉來品嘗，或者就用手拿著、用勺子、在街頭、用兩隻手、在床邊、在餐桌上、在盒子裡……任何人們喜歡的、感到舒服的品嘗方式都是可能的，甜點的命運是不同的。

下一個甜點誕生的時候，又是一種新的開始。

SOMMAIRE 目錄

Chapter3 蛋糕類

Chapter4 其他類

Chapter1

泡芙類

焦糖閃電泡芙ÉCLAIR CARAME

克里斯托夫・亞當Christophe Adam（天才閃電泡芙甜品店L'ÉCLAIR DE GÉNIE）

在小小的閃電泡芙世界裡，他打造出一個王國，一個只屬於天才的靈感王國。

任職於法國奢華美食品牌「富雄」15年之後，克里斯托夫・亞當不願再繼續維持現狀，他確定了自身未來發展的方向——製作閃電泡芙。他拋開一切在烘焙中不感興趣的方面，專注於製作一種新鮮、美味又簡約的烘焙美食，將閃電泡芙做到極致。如今，他的泡芙品牌在全世界已經擁有23家門市，這些門市也製作其他的美食，如巴赫塔、霜淇淋閃電泡芙和糖果。這款泡芙的鹹味能充分挑逗您的味覺，內部填充的餡料和外部裝飾的焦糖十分誘人。為了製作這樣完美的作品，克里斯托夫進行了無數次嘗試，配方歷經二十多次的變動，才最終固定下來。泡芙一入口即帶來無法抵擋的香濃美味，然後是泡芙的酥脆，最後是焦糖與泡芙完美融合帶來誘人的鹹味。

分量：11個　準備時間：1小時　製作時間：35分鐘　靜置時間：2小時

材料

泡芙麵糊
牛奶55克
水55克
無鹽奶油55克
鹽2克
白砂糖2克
香草精3克
法國T55麵粉55克
雞蛋95克

焦糖奶油醬
吉利丁片1片（約2～2.5克）
水7克
白砂糖90克
動物性鮮奶油115克
無鹽奶油56克
鹽之花1小撮
馬斯卡邦起司175克

焦糖翻糖
白砂糖30克
葡萄糖漿20克
動物性鮮奶油55克
含鹽奶油5克
白色翻糖240克

裝飾
珍珠巧克力球10克
巧克力碎片10克
食用金粉適量

作法

泡芙
混合加熱牛奶、水、奶油、鹽、白砂糖、香草精。沸騰後，立即倒入所有麵粉，用刮刀快速攪拌，離火後繼續攪拌，直至麵糊不黏鍋為止。將麵糊倒入漿狀電動攪拌機中，中速攪拌，一點一點地加入雞蛋。當混合物變得柔滑、均勻、有光澤，就將其倒入擠花嘴直徑為1.5公分的擠花袋中，製作長11公分的閃電泡芙酥皮。將烤箱溫度設置為250℃，達到這個溫度後關閉電源，將泡芙放入烤箱烤12～16分鐘。泡芙膨脹後，重新打開烤箱電源，將溫度調至160℃。繼續烤20分鐘。

焦糖奶油醬
將吉利丁片在水中浸泡5分鐘。將白砂糖放在小鍋中，中火加熱，直至糖的顏色變為棕色，倒入熱鮮奶油融化鍋底的焦糖。注意，一定要使用熱鮮奶油，以免冷鮮奶油突然遇熱後把糖凝固。加入奶油和鹽之花，待混合物冷卻至50℃後再放入吉利丁片。最後，將冷卻到45℃的混合物淋在馬斯卡邦起司上，用電動攪拌機攪拌。使用前至少要在冰箱中冷藏2小時。

焦糖翻糖
將白砂糖和葡萄糖漿倒在小鍋中，中火加熱，直至糖的顏色變為棕色，倒入熱鮮奶油融化鍋底的焦糖。再將混合物重新加熱至109℃，加入含鹽奶油。取出混合物，使其自然冷卻成焦糖。用刮刀混合還有熱度的焦糖和輕微加熱的翻糖（焦糖翻糖的最佳使用溫度為30℃左右）。

裝飾
在密閉的容器中放入珍珠巧克力球、巧克力碎片和適量的食用金粉。晃動容器，讓巧克力碎片與食用金粉均勻混合。用焦糖奶油醬裝飾閃電泡芙，再將泡芙蘸入焦糖翻糖中。使用前，我們可以加熱焦糖翻糖，保證它的光滑度。小提醒：最好時不時地攪拌焦糖翻糖，翻糖要在泡芙表面形成一層脆的外皮。最後撒上金棕色的巧克力碎片與巧克力珍珠球即可。

普希金脆糖迷你泡芙POUCHKINETTE

朱利恩・阿爾瓦雷斯Juline Alvarez（普希金咖啡店CAFÉ POUCHKINE）

俄國風情與巴黎舒芙蕾的新融合

朱利恩·阿爾瓦雷斯曾在巴黎的半島酒店擔任甜點主廚，離開半島酒店後，他像自由的鳥兒一樣，也不去尋找固定的巢穴，直到遇見普希金咖啡店。一間在火車站、機場、轉角的咖啡店，他奏響了烘焙界新的樂章，帶來了視覺的盛宴。普希金咖啡店聯合朱利恩·阿爾瓦雷斯帶來甜蜜的誘惑。不論是甜點的大小還是口感都精確到極致，覆蓋糖粒的鮮奶油泡芙搭配萬分柔滑的鮮奶油醬、玫瑰、蘭姆酒、帕林內（praliné）和焦糖……，焦糖、東加豆、焦糖棒糖果和原味太妃糖的融合，彷彿在他的神奇口袋裡變出了魔法！蘭姆酒和黑糖的搭配是他的最愛，醇厚又熱烈。永遠不要小看這些小點心……

分量：50個　**準備時間**：1小時30分鐘　**製作時間**：20分鐘　**靜置時間**：12小時

材料

泡芙麵糊
牛奶165克
無鹽奶油67克
鹽3克
香草精12克
橙花水7克
香草糖3克
低筋麵粉100克
（或法國T45麵粉）

雞蛋170克
珍珠糖足量

卡士達醬（可加量）
牛奶100克
動物性鮮奶油12克
白砂糖22克
香草莢1根
（挖出香草籽一起用）
蛋黃20克

卡士達粉6克
低筋麵粉6克
無鹽奶油6克

蘭姆酒黑糖鮮奶油醬
吉利丁片1.5片
鮮奶油400克
黑糖50克
卡士達醬90克
棕色蘭姆酒30克

組合與完成
防潮糖粉適量
食用級金色珠光粉

作法

泡芙
混合加熱牛奶、奶油、鹽、香草精、橙花水和香草糖至沸騰。離火後，加入麵粉，用刮刀使勁攪拌。使用小火把麵糊炒乾一點，大約2～3分鐘。將麵糊放入電動攪拌機內，使用槳狀攪拌器打散，逐步加入雞蛋，進行攪拌。當泡芙麵糊變得均勻、柔滑時，立即將麵糊倒入帶有10號擠花嘴的擠花袋中。在烤盤上鋪上烤紙，擠出直徑2公分左右的圓球，撒上珍珠糖。將泡芙放入烤箱，160℃下烤20分鐘。將烤好的迷你泡芙取出，放在烤架上降溫。

卡士達醬
將牛奶、鮮奶油、10克白砂糖和香草莢與香草籽全部放入小鍋中，混合加熱至沸騰。混合蛋黃、剩餘的糖、卡士達粉和麵粉，在烤箱中烤，注意不要烤至變色。挑出香草莢，將熱液倒在烤好的麵糊上，攪拌後將所有混合物重新放回小鍋中，加熱至沸騰，不斷攪拌以防糊鍋。將小鍋離火，加入奶油，攪拌後，將混合物倒入托盤中，包上保鮮膜，冷藏保存。

蘭姆酒黑糖鮮奶油醬
將吉利丁片泡入冷水中。混合加熱鮮奶油和黑糖至沸騰，加入軟化的吉利丁。將熱鮮奶油混合物與卡士達醬和蘭姆酒混合，使用手持均質機攪拌後，放在冰箱冷藏12小時。

組合與完成
打發蘭姆酒黑糖鮮奶油醬。將鮮奶油醬倒入裝有直徑0.8公分擠花嘴的擠花袋中。將迷你泡芙擠好入餡，最後撒上防潮糖粉和食用級金色珠光粉裝飾。

巧克力閃電泡芙ÉCLAIR AU CHOCOLAT

尼古拉斯·克魯瓦索Nicolas Cloiseau（巧克力之家LA MAISON DU CHOCOLAT）

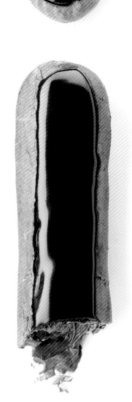

一位巧克力製作大師的烘焙之旅

尼古拉斯·克魯瓦索製作的蛋糕就如同他製作的巧克力糖果一樣精緻，不同材料的搭配、溫度和配料的調控都是他擅長之處。閃電泡芙是巧克力之家的招牌之作。尼古拉斯承認是20年前來到巧克力之家之後，他才真正理解閃電泡芙的精髓。大多數的閃電泡芙由卡士達醬和可可粉製成，而他的版本是混合了卡士達醬和巧克力甘納許，這樣的閃電泡芙口味清甜且更有質感。從他來到巧克力之家後，這款巧克力閃電泡芙的配方就沒怎麼變過，當然有時也許多放了些巧克力，或少放了些糖。泡芙的口感不是又乾又脆，而是精緻而柔滑。泡芙由水、雞蛋和牛奶製成，這些配料給泡芙帶來漂亮的顏色和柔和的口感。泡芙的填餡用蛋黃製成，既不油也不黏膩。泡芙表面塗上美味的甘納許，再融合些紅果的微酸，閃電泡芙之王就是它了。

分量： 20 個　　**準備時間：** 1 小時 30 分鐘　　　**製作時間：** 20 ～ 35 分鐘

材料

泡芙	巧克力甘納許(Ganache)	巧克力卡士達醬	巧克力淋面
水90克	牛奶220克	蛋黃80克	牛奶100克
牛奶90克	巧克力之家60%kuruba	白砂糖80克	葡萄糖漿30克
法式奶油醬70克	巧克力200克	玉米粉40克	巧克力之家60%
精鹽2克	巧克力之家74%cuana	可可粉15克	kuruba130克
白砂糖4克	巧克力120克	牛奶780克	黑色巧克力淋面醬190克
法國T55麵粉100克		巧克力甘納許540克	
雞蛋5個			

作法

泡芙

混合加熱水、牛奶、奶油、鹽和白砂糖，將事先過篩的麵粉一次倒入混合物中，大火翻攪2～3分鐘，成為麵團，關火，一個一個地將雞蛋打進去，直至麵團變得柔滑。將麵團倒入裝有擠花嘴的擠花袋中，擠花嘴直徑為1.6公分。將泡芙擠成長度為1.6公分的長條狀。將烤箱預熱到220℃，將泡芙放入烤箱，立即將烤箱溫度下調至180℃，烤20～25分鐘。烤到一半時，打開烤箱門，放出蒸汽，做好以後，將泡芙放在烤架上。

巧克力甘納許

加熱牛奶至沸騰，將熱牛奶澆在碎巧克力塊上，充分攪拌直至混合物變得順滑有光澤。放置待用。

巧克力卡士達醬

混合攪打蛋黃、白砂糖和玉米粉，再加入可可粉。加熱牛奶至沸騰，將一部分牛奶與上一步驟混合均勻。將所有混合物倒入牛奶鍋中，充分攪拌至濃稠。趁熱繼續煮1分鐘。加入甘納許，充分混合，放涼備用。

巧克力淋面

混合加熱牛奶和葡萄糖糖漿至沸騰，沖入壓碎的巧克力和巧克力淋面醬上，充分混合直至混合物變得柔滑有光澤。淋面的最佳使用溫度是45℃。

裝飾

將巧克力卡士達醬倒入裝有擠花嘴的擠花袋中，用直徑為0.6毫米的擠花嘴在閃電泡芙底部紮開3個小洞，擠入70～75克左右的卡士達醬。最後在泡芙表面塗上巧克力甘納許和淋面醬即可。

檸檬蛋白霜閃電泡芙
ÉCLAIR CITRON MERINGUÉ

葛列格里·科恩GRÉGORY COHEN（我的閃電泡芙甜點店MON ÉCLAIR）

為您現場量身定做的甜點店

想法通常都從疑惑中來，葛列格里·科恩就有了這樣一種靈感，將盤中甜點和人們抓在手裡的小零食融合起來。閃電泡芙就是他的最佳選擇。泡芙、奶油霜或是甘納許、內裡的填餡（柑橘醬、帕林內、蜜餞）、還有多樣的頂部裝飾……主廚尊重季節，按照時令的變化，使用的水果也跟著變化。每種水果的使用時間都不超過3個月，有機水果，甚至是乾果都不會。麵粉也是換著用（米粉、玉米粉），都是為了做出鬆脆又美味的泡芙。檸檬蛋白霜是葛列格里·科恩的最愛，他將這種蛋白霜與泡芙搭配起來，它是最暢銷的，然後還有巧克力的、帕林內的，最後還有杏味泡芙、迷迭香泡芙、開心果泡芙等。在「我的閃電泡芙甜點店」，有些泡芙是當場製作的，顧客也可以按照自己的喜好自由搭配食材，讓甜品師為您量身定做。這充滿無盡可能的甜品啊……

分量：20 個　　**準備時間**：2 小時　　**製作時間**：1 小時 30 分鐘　　**靜置時間**：6 小時 30 分鐘

材料

脆餅乾
奶油醬70克
粗紅糖60克
米粉70克

無麩質泡芙
牛奶100克
水100克
奶油80克

鹽2克
米粉65克
玉米粉40克
雞蛋3個

檸檬果醬
黃檸檬5個
綠檸檬0.5個
東加豆0.5個
白砂糖100克

檸檬奶油醬
吉利丁片2片
黃檸檬2個
雞蛋2個
白砂糖100克
奶油70克
鮮奶油25克
綠檸檬皮（0.5個檸檬的量）

酸味蛋白霜
蛋白1個
白砂糖60克
綠檸檬皮（0.5個檸檬的量）

裝飾
綠檸檬皮（1個檸檬的量）

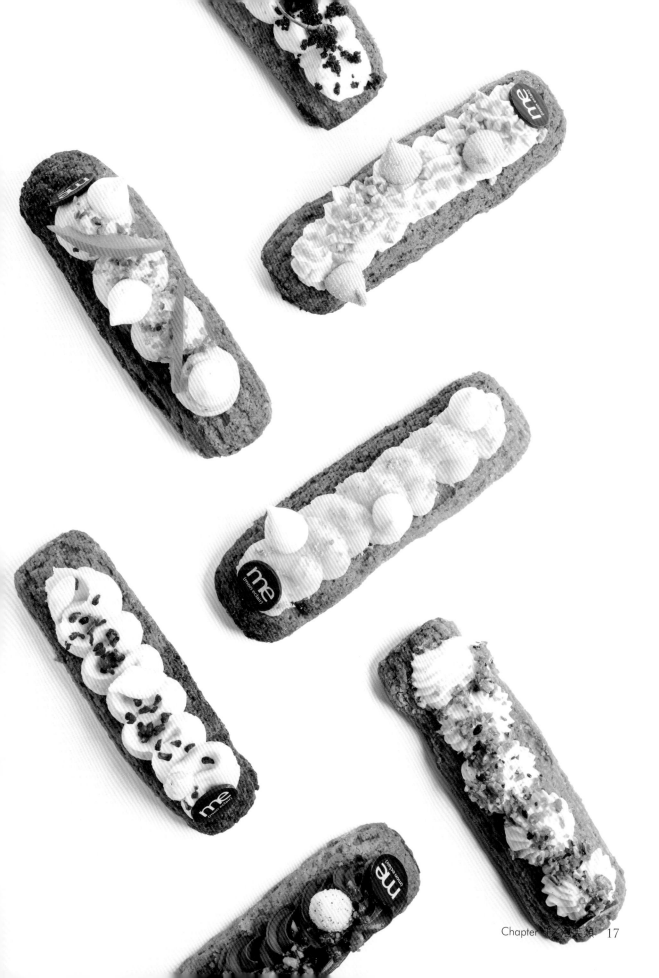

作法

脆餅乾

將奶油醬、粗紅糖和米粉放入電動攪拌機的攪拌缸中，用槳狀攪拌器攪拌至均勻。將餅乾團放在2張烘焙紙中間，用擀麵棍將麵糊擀成厚度為0.1公分的麵皮，冷藏30分鐘。將麵皮切分成一個個大小為13×3公分的長方形，冷凍保存。

無麩質泡芙

在小鍋中混合加熱牛奶、水、奶油和鹽煮至沸騰，將火轉小，加入提前過篩的米粉和玉米粉，用刮刀充分攪拌。直到材料全部拌成團。小鍋離火，接著一個一個加入雞蛋混合好。將麵糊倒入帶有擠花嘴的擠花袋中，擠出長13公分的泡芙麵糊。將長方形的脆餅乾放在泡芙上，放入烤箱，在200℃的溫度下烤30分鐘。

檸檬果醬

將1個黃檸檬和0.5個綠檸檬切薄片，全部放入裝有冷水的小鍋中，將水加熱至沸騰，將水倒出，再重複上面的步驟。用剩下的檸檬壓出300克檸檬汁，將東加豆搓碎，在小鍋中混合加熱檸檬汁、檸檬片、白砂糖和東加豆至沸騰，用攪拌棒攪拌，沸騰後將混合物倒出，放入冰箱冷藏。

檸檬奶油醬

將吉利丁片泡入冷水中，擠出水分。壓榨黃檸檬汁120克。在小鍋中放入雞蛋、糖和檸檬汁，小火加熱至沸騰，加熱過程中要不斷攪拌。小鍋離火，加入吉利丁，混合後冷卻至40℃。再加入奶油。用手持均質機攪拌後加入鮮奶油和綠檸檬皮，在冰箱中冷藏6小時。

酸味蛋白霜

打發蛋白，當蛋白溼性發泡時，分3次加入白砂糖，持續打發直至形成乾性蛋白霜，加入綠檸檬皮。將蛋白霜挖入裝有擠花嘴的擠花袋中，擠出蛋白霜。在烤箱中以100℃的溫度烤1小時。

裝飾

閃電泡芙填入檸檬果醬。用裝有擠花嘴的擠花袋，在泡芙表面擠出花環狀的檸檬奶油醬，再裝飾上酸味蛋白霜和一些綠檸檬皮。

創意巴黎沛斯特PARIS-TENU！

佛朗索瓦・多比內François Daubinet

令人驚奇的自由選擇與搭配

多比內所有甜點的製作靈感幾乎都來自藝術品，比如說繪畫、雕塑、珠寶等。他製作的這款創意巴黎沛斯特就是受到一件雕塑藝術品的啟發，讓他對巴黎巴黎沛斯特重新創作，呈現了這款前所未見的作品。榛果和黑芝麻是個極好的開頭，一口下去，香味溢滿整個口腔。迷你泡芙的香脆口感，榛果蛋糕和黑芝麻的結合，鬆脆的榛果、榛果甘納許、黑芝麻醬以及巴伐利亞榛果醬的完美糅合，真是一項異乎尋常的大工程。佛朗索瓦・多比內堅持挑戰創新的極限，同時注重味道的完美平衡。這是一款巡展甜點，是頂級大廚為您推薦的下午茶點心，很快就會來到巴黎。

分量：8人份　　**準備時間**：4小時　　**製作時間**：44分鐘　　**冷藏時間**：4小時20分

材料

榛果蛋糕
天然榛果粉22.5克
粗紅糖11.2克
紅砂糖7.5克
糖粉8克
蛋白6.5克／25克
黑芝麻1克
蛋黃7.5克
法國T55麵粉10克
泡打粉1克
精鹽0.1克
澄清奶油21.5克
白砂糖3.5克

檸檬糖漿
水60克
白砂糖6克
黃檸檬1個

黑芝麻醬
新鮮黑芝麻120克
白砂糖80克
鹽之花0.2克

鬆脆杏仁糖
鮮奶油 20克
糖粉（過篩）20克
玉米粉24克
天然杏仁粉11克
精鹽0.4克
爆米花20克
烤過的碎杏仁5克
法芙娜歐帕麗斯專業可調溫巧克力20克
榛果麵糊25克

榛果甘納許（Ganache）
全脂牛奶112.5克
動物性鮮奶油12.5克
精鹽0.5克
香草莢0.5根
（挖出香草籽一起用）
牛奶榛果糖 75克
榛果麵糊75克

榛果牛奶塗層
可可脂60克
法芙娜吉瓦那專業可調溫巧克力60克（可可含量40%）
烤過的碎果15克

巴伐利亞榛果醬
吉利丁粉2克
動物性鮮奶油100克
榛果醬120克
柔軟的打發鮮奶油150克

泡芙
牛奶125克
水125克
奶油115克
精鹽5克
白砂糖5克
法國T55麵粉140克
雞蛋250克

巧克力淋面
吉利丁粉9克
水110克
葡萄糖150克
白砂糖150克
濃縮甜牛奶100克
法芙娜恩多克巧克力180克
（可可含量75%）
葡萄籽油25克

作法

榛果蛋糕
在食物調理機中混合榛果粉、糖、6.5克蛋白、黑芝麻、蛋黃、麵粉、泡打粉和鹽。加入澄清奶油後，將混合物質地打至均勻。打發25克蛋白，同時逐步加入白砂糖。用刮刀仔細攪拌2種混合物，將混合物倒入直徑3公分的半球形模型中。在烤箱中以165℃的溫度烤13分鐘，取出後立即脫模，將蛋糕放在烤架上。

檸檬糖漿
混合加熱白砂糖和水至沸騰，加入檸檬皮和檸檬汁。用大約為45℃的溫糖漿浸透溫的蛋糕。

黑芝麻醬
將黑芝麻放在烤盤上，蓋上0.8公分厚的矽膠蓋子。將烤箱溫度調至160℃，烤10分鐘。製作焦糖：將白砂糖放入鍋中，文火加熱，一旦焦糖顏色變成清亮的棕色就立即加入鹽之花。將混合物澆在芝麻上，室溫下冷卻後，在食物調理機中攪拌，得到質地均勻的黑芝麻醬。注意：如果攪拌機功率不夠大，可能會出現機器過熱的情況。

鬆脆杏仁糖
將鮮奶油和糖粉放在食物調理機的攪拌槽或沙拉盆中，加入玉米粉、杏仁粉和鹽，混合均勻，擀開，放上鋪好烘焙紙的烤盤，放入烤箱，以165℃烤16分鐘，取出後放在烤架上冷卻。將爆米花、碎杏仁和融化的歐帕麗斯巧克力加入杏仁麵糊，攪拌均勻後鋪在烤盤上冷卻20分鐘，用刀將其切碎。

榛果甘納許
混合加熱牛奶、鮮奶油、鹽和香草莢、香草籽至85℃，澆在切碎的牛奶榛果糖和榛果麵糊上，使其充分乳化，通過攪拌讓質地更加均勻。將混合物倒入直徑3公分的半球形模型中，用切碎的杏仁糖覆蓋，放入冰箱至少冷凍4小時。將剩下的甘納許放置在陰涼處，裝飾時使用。

榛果牛奶塗層
融化可可脂，加入可調溫的巧克力，在45℃溫度下加入碎榛果，做成榛果牛奶塗層。用塗層包裹榛果甘納許，放置待用。

巴伐利亞榛果醬
將吉利丁粉泡入水中。加熱鮮奶油至80℃，加入吉利丁，分多次澆在榛果醬上，讓榛果醬充分乳化後攪拌均勻。在混合物降到30℃時，加入打發的鮮奶油，倒入球形模具中，在冰箱中保存。

泡芙
混合加熱牛奶、水、奶油、鹽和白砂糖至沸騰，離火後，加入過篩的麵粉，放在火上乾燥1分鐘。將混合物倒入電動攪拌機的攪拌缸中，分次加入雞蛋，直至加完。使用帶有3號擠花嘴的擠花袋製作出3種不同大小的迷你泡芙球，在烤箱中以185℃烤10～15分鐘。

巧克力淋面
將吉利丁粉泡入冷水中。加熱葡萄糖、白砂糖和水至102℃，加入吉利丁，再加入濃縮甜牛奶，用刮刀充分攪拌，加入巧克力、葡萄籽油，再用手持均質機攪拌得更均勻，注意不要讓太多空氣混入混合物中，放在陰涼處保存。40℃是使用鏡面的理想溫度。

裝飾
按照以下步驟製作直徑為3.5公分的球形內餡：最下方放置的是浸透的蛋糕、黑芝麻醬。再往上是榛果甘納許、鬆脆杏仁糖。將以上部分內餡放在巴伐利亞榛果醬上，再用巴伐利亞榛果醬包裹，得到直徑5公分的球形。用榛果甘納許將大小不同的泡芙黏在球形內餡的表面。最後，用巧克力淋醬給甜點製作漂亮的鏡面即可。

香草奶油泡芙CHOUQUETTES À LA VANILLE

斯特凡·格拉西耶Stéphane Glacier

脆糖奶油泡芙,美味又豐盈

斯特凡·格拉西耶是法國最佳工藝獎(M.O.F)的獲得者之一。他不是那種只注重糕點光鮮外表的烘焙師。斯特凡·格拉西耶在一次與糕點的偶遇之後,就再也離不開這項他鍾愛的事業了。有一次,他的朋友帶他去看一個拉糖的展覽,他立刻迷上,並一頭鑽了進去。在美國,皮埃爾·海爾梅和雅克·托里斯為他提供烘焙主廚的位子,他積累了豐富的經驗,打開了靈感之門。他鍾愛傳統烘焙,泡芙(在他看來是最難製作的)是他的招牌糕點。在他看來只有奶油泡芙才是經典的。那他的祕密配方呢?製作完美的泡芙外皮,反覆調整烤箱溫度,烤出來的泡芙外皮能夠容得下大量的奶油(每個泡芙包裹100克奶油)。這種泡芙要放在盤子裡,用刀叉來享用。如果想用手拿著吃,就試試傳統的無餡泡芙吧。

分量:12個　**準備時間**:1小時　**製作時間**:25分鐘　**冷藏時間**:6小時

材料

泡芙
白砂糖15克
水375克
牛奶125克
鹽5克
奶油200克
法國T55或T65麵粉300克

雞蛋500克
珍珠糖適量

卡士達醬
牛奶400克
香草莢0.5根
白砂糖100克
蛋黃90克

卡士達粉30克
奶油30克

香緹鮮奶油
動物性鮮奶油375克
香草莢1根
白砂糖50克

香草外交官奶油醬
卡士達醬600克
香緹鮮奶油425克

裝飾
糖粉適量

作法

泡芙
在小鍋中混合加熱白砂糖、水、牛奶、鹽和奶油沸騰後離火,加入麵粉(過篩)不斷攪拌成麵團,再重新加熱麵團,小火加熱煮成團狀,直至麵團不會黏在鍋子內壁上。將麵團放入電動攪拌機的攪拌缸中,分次加入雞蛋,攪拌好後,將泡芙麵糊倒入帶有擠花嘴的擠花袋中,將泡芙麵糊擠在鋪有烘焙紙的烤盤上,撒上珍珠糖粒,160℃烤25分鐘。取出後放在烤架上。

卡士達醬
混合牛奶、香草和一半白砂糖一起煮沸。混合攪打蛋黃和剩下的白砂糖,直至混合物發白,加入卡士達粉,用打蛋器攪拌。將1/3沸騰的牛奶澆在混合物上,充分攪拌,將攪拌好的混合物重新倒回鍋中,與之前2/3的熱牛奶混合,重新加熱至沸騰,加熱過程中要不停攪拌。沸騰2分鐘後,加入奶油,將卡士達醬倒入深盤中,用保鮮膜包住,冷藏保存。

香緹鮮奶油
混合1/3的鮮奶油、香草籽、香草莢和白砂糖,加熱至沸騰,倒入剩下的鮮奶油,在冰箱中冷藏至第2天。取出香草莢,將鮮奶油倒入電動攪拌機的攪拌缸中,打發成香緹鮮奶油。

香草外交官奶油醬
將卡士達醬倒入沙拉盆中,充分攪打,用塑膠刮刀小心地加入香緹鮮奶油。

裝飾
將香草外交官鮮奶油醬倒入帶有直徑0.8公分擠花嘴的擠花袋中。等泡芙皮冷卻後,紮開小洞,填入奶油醬,再用鮮奶油醬裝飾每一個泡芙,撒上糖粉。

巴黎沛斯特PARIS-BREST

奧利維爾‧奧斯塔埃特Olivier Haustraete（「博」麵包坊BOULANGERIE BO）

「吃我做的車輪泡芙，香味會溢滿各處，連鼻腔都是。」

奧利維爾‧奧斯塔埃特的特點是製作具有日式風情的法式糕點，但他也會嘗試法式烘焙的經典大作，比如這款巴黎沛斯特。這款泡芙體積較大，融合了普通車輪泡芙和迷你泡芙的特點。為什麼？因為吃泡芙最大的享受就是鬆脆的外皮包裹著豐富的奶油餡，香氣滿溢。泡芙包裹120克的帕林內慕斯林奶油醬，內裡的帕林內帶來更多的質感和美味。巴黎沛斯特可以用手拿著吃，在街邊吃、在公園裡吃，甚至在商店裡⋯⋯盡情享受這一刻的美味吧！

分量：10個　準備時間：1小時30分鐘　製作時間：30分鐘　冷藏時間：1小時

材料

杏仁脆餅乾
法國T55麵粉75克
顆粒狀粗紅糖75克
杏仁粉75克
奶油75克
精鹽1克

泡芙
法國T45麵粉99克
水181克
白砂糖4克
精鹽4克
奶油81克
雞蛋181克

帕林內慕斯林奶油醬
卡士達醬
牛奶184克
砂糖91克
蛋黃45克
卡士達粉16克
法式奶油霜
砂糖160克

水適量
蛋黃80克
奶油320克
帕林內150克

裝飾
大塊杏仁和榛果50克
裝飾用糖粉適量

作法

杏仁脆餅乾

將麵粉和杏仁粉混合過篩。混合麵粉、杏仁粉和室溫的奶油、粗紅糖和鹽，充分攪拌至均勻。將麵糊夾在2張烘焙紙間，用擀麵棍擀開，冷藏1小時。用直徑7公分的圓形切模切出圓片，冷藏保存，放置備用。

泡芙

將麵粉過篩。白砂糖、水、鹽和奶油放入鍋中煮沸，離火後加入麵粉，重新用小火加熱，加熱同時使用刮刀充分攪拌，直至變成麵團、不黏在刮刀和鍋子內壁上為止。麵糊放入電動攪拌缸，用槳狀攪拌器攪拌，散熱，再分次一個一個加入雞蛋。完成後，將麵糊倒入裝有18號擠花嘴的擠花袋中，擠在鋪有矽膠墊或烘焙紙的烤盤中，擠出直徑為6公分的泡芙球，在上面放上1塊脆餅乾，將烤箱預熱到230℃，烤1分鐘後關火，讓泡芙在烤箱中繼續放置6～7分鐘，膨起，將烤箱溫度調至180℃。一旦泡芙酥皮的顏色變成漂亮的金黃色，立即打開烤箱，讓烤箱中的濕氣散發出來，關上烤箱，直至泡芙完全烤好（大約需要30分鐘）。

帕林內（Praliné）慕斯林奶油醬
卡士達醬

混合煮沸牛奶和1/3的砂糖。混合蛋黃、卡士達粉和剩下的砂糖，將一半熱牛奶沖入蛋黃卡士達粉混合物上，再將所有混合物倒回剛才未使用的一半牛奶中。加熱卡士達醬至沸騰，繼續加熱5分鐘，期間用打蛋器充分攪拌。倒出卡士達醬，放入保鮮盒中保存。

法式奶油霜

將砂糖放入不銹鋼小鍋中，用水漫淹過砂糖，加熱至121℃，當糖漿溫度達到110℃時，用電動打蛋器打發蛋黃，將打蛋器調至中速，將熱糖漿慢慢沖入蛋黃內，高速攪拌直到冷卻。一點一點地加入奶油，直至全部變得均勻。法式奶油霜冷卻後，加入柔滑的卡士達醬和帕林內，使用前要攪拌均勻。

裝飾

將車輪泡芙酥皮切開，切的位置要略高於車輪泡芙高度的一半。將車輪泡芙酥皮放在烤架上，用帕林內慕斯林奶油醬裝點車輪泡芙底。將帕林內擠在泡芙中心處（每個泡芙5克）。將帕林內慕斯林奶油醬裝入帶有擠花嘴的擠花袋中，擠出大花環的形狀。放上預先用切模切好的脆餅乾，撒上裝飾用糖粉，冷藏幾分鐘後即可享用。

葡萄柚修女泡芙
RELIGIEUSE AU PAMPLEMOUSSE

多明尼克・薩布弘Dominique Saibron

對修女泡芙狂熱的愛

多明尼克・薩布弘熱愛烘焙，比起講求技巧的烹飪，他天生就更喜歡烘焙。修女泡芙是他的心頭愛，兩個大小不均卻都豐盈美味的泡芙，讓人愛不釋手。它的香味隨季節變化，都是100%的水果味。其中最美妙的就是這款葡萄柚修女泡芙，清新中帶著一縷微酸，完美的二重奏。多明尼克的這款糕點，是他童年的回憶，他永遠不會忘懷。這款糕點魅力無窮，讓人時時刻刻回味無窮。

分量：6個　　準備時間：1小時30分鐘　　製作時間：35～45分鐘　　冷藏時間：3小時

材料

脆餅乾
奶油（冷）60克
粗紅糖50克
麵粉50克
黃檸檬色素液適量
罌粟籽適量

泡芙酥皮
水100克
牛奶100克
奶油80克
鹽4克
白砂糖4克

麵粉（過篩）120克
雞蛋175克

葡萄柚鮮奶油
蛋黃5個
玉米糖漿40克
動物性鮮奶油175克

新鮮的葡萄柚汁325克
新鮮的檸檬汁5克
白砂糖75克

作法

脆餅乾
在沙拉盆中，用手混合奶油和粗紅糖，加入麵粉、色素液和罌粟籽。將混合物揉捏均勻，將麵皮夾在2張烘焙紙間，擀開，冷藏保存使其變硬。

泡芙
將水、牛奶、奶油、鹽和糖倒入小鍋中，加熱至沸騰。將沸騰的牛奶混合物倒入電動攪拌機的攪拌缸中，立刻倒入過篩的麵粉，用扇型攪拌器攪打（1檔速度攪打5分鐘，2檔速度攪打5分鐘）。在用2檔速度攪打時，逐步倒入雞蛋蛋液。將部分麵糊倒入裝有15號擠花嘴的擠花袋中。在烤盤上擠出6個直徑為7公分的大泡芙。將剩下的麵糊倒入裝有10號擠花嘴的擠花袋中，擠出6個直徑為3公分的小泡芙。用切模在脆餅乾上切出大小不同的兩種圓形餅乾。直徑6公分的是大泡芙餅乾底，直徑3公分的做小泡芙的餅乾底。將餅乾底墊在泡芙下方，將泡芙放入烤箱中，在190℃的溫度下烤，大的烤45分鐘左右，小的烤35分鐘左右。

葡萄柚鮮奶油
在圓底攪拌缸中混合攪拌蛋黃、玉米糖漿和10%的鮮奶油。在小鍋中混合加熱剩下的鮮奶油、葡萄柚汁、檸檬汁和白砂糖至沸騰，將一部分沸騰的葡萄柚混合物和蛋黃和玉米糖漿的混合物充分混合攪拌。將所有混合物重新倒回小鍋中，加熱至沸騰，沸騰後繼續加熱2～3分鐘，並不斷攪拌。給奶油包上保鮮膜，冷藏3小時。

裝飾
將葡萄柚鮮奶油倒入電動攪拌機的攪拌缸中，攪拌到柔滑，再倒入裝有擠花嘴的擠花袋中，擠花嘴直徑為1公分。將奶油填入每個泡芙中。在每個大泡芙上面擠上花瓣狀奶油，放上小泡芙，在小泡芙的頂端擠上小花瓣形狀的奶油即可。

Chapter 2

塔類

小豆蔻香草塔
TARTE VANILLE & CARDAMOME

邁克爾·巴爾托斯蒂Michael Bartocetti（香格里拉酒店SHANGRI-LA）

邁克爾·巴爾托斯蒂與他那無法隱藏的、對調味的極致敏感

邁克爾是那種不相信天秤稱量的人，他製作的每一塊蛋糕都要經過反覆品嘗、調味、調整、再品嘗、再調整，就像烹飪家一樣。他的烘焙作品是精確的、美味的、平衡的。他製作的塔類甜品為每一個品嘗者帶來無盡的回味。邁克爾·巴爾托斯蒂的作品風格介於宮廷與街頭之間，長條形的塔，正適合用手指捏著吃。香草（混合波本香草與大溪地香草）讓人未品其味，先聞其香。甜點一旦入口，胡桃帕林內的味道首先帶來味覺的衝擊，香草的香味緊接著彌漫開來。酥脆的塔皮在齒間碎開，最後，小豆蔻登場，令人回味無窮。口感層次豐富至極，彷彿一場無止盡的遊戲，從焦糖鮮奶油到甘納許……再到打發的甘納許。就讓我們一起沉浸在小豆蔻香草塔的香味遊戲中吧！

分量：8人份　　**準備時間**：2小時30分鐘　　**製作時間**：30分鐘　　**靜置時間**：24小時

材料

小豆蔻香草甘納許（Ganache）
大溪地香草莢1根
馬達加斯加波本香草莢1根
高溫滅菌（UHT）鮮奶油150克
綠色小豆蔻3克
吉利丁塊15克
（將吉利丁粉泡入體積是其5倍的水中做成吉利丁塊）
法芙娜opalys牛奶巧克力155克
含鹽奶油25克

香草胡桃帕林內（Praliné）
胡桃100克
杏仁粒50克
白砂糖100克
水20克
精鹽1克
馬達加斯加波本香草莢1根

香草檸檬沙布列麵糊
法國T45麵粉250克
（可以低筋或蛋糕麵粉代替）
糖粉90克
竹炭粉2.5克
精鹽6克
鹽之花3克
無鹽奶油190克
馬達加斯加波本香草莢2根
黃檸檬皮碎（0.5個檸檬的量）
蛋黃6克
白巧克力適量

大溪地香草焦糖烤布蕾
全脂牛奶40克
高溫滅菌（UHT）鮮奶油200克
大溪地香草莢2根
蛋黃50克
白砂糖35克
吉利丁塊21克

香草甘納許（Ganache）
高溫滅菌（UHT）
鮮奶油200克
馬達加斯加波本香草莢2根
吉利丁塊10克
法芙娜opalys牛奶巧克力45克

薄脆餅（Feuilletine）
無鹽奶油30克
水330克
鹽2.5克
糖粉100克
法國T45麵粉30克
竹炭粉4克
蛋白72克
香草莢1根

作法

小豆蔻香草甘納許（Ganache）

將香草莢與香草籽，和鮮奶油、小豆蔻一起放入小鍋中，蓋上鍋蓋加熱至90℃。將鮮奶油包上保鮮膜，放入冰箱冷藏24小時。取出鮮奶油，加熱至沸騰，加入吉利丁塊後，混入牛奶巧克力中，順方向攪拌至巧克力融化，過篩。奶油融化後，溫度在40℃時，加入巧克力中，持續攪拌，冷卻，凝固，室溫使用。

香草胡桃帕林內（praliné）

將烤箱溫度調至150℃，然後放入堅果類，烤6～7分鐘。在小鍋中，加入白砂糖和水煮至120℃，加入堅果類快速攪拌，直到堅果類披上白色糖衣，結晶，加入鹽，鋪開在矽膠墊上。待冷卻後用均質機攪打。甜點大師Pierre Hermé認為帕林內加入香草莢是最佳風味。

香草檸檬沙布列麵糊

將麵粉、糖粉和竹炭粉過篩，加入鹽、鹽之花和硬奶油。將所有的材料放入電動攪拌機的攪拌缸中，使用槳狀攪拌器混合攪拌。攪拌好後，加入香草籽和香草莢和黃檸檬皮碎，然後加入蛋黃，用手揉搓均勻。用擀麵棍將麵團擀成厚度約0.2公分的麵皮，將麵皮切分成長15公分、寬4公分的長方形，放入鋪有烘焙紙的銅管中，放入烤箱，150℃烤16分鐘。取出後，一旦餅底冷卻就擠上白巧克力。

大溪地香草焦糖烤布蕾

混合加熱牛奶、鮮奶油和香草籽與香草莢直至沸騰，關火後蓋上鍋蓋燜20分鐘。將蛋黃和白砂糖放在沙拉盆中，攪打至發白。重新加熱牛奶至沸騰，將1/3沸騰的牛奶澆在蛋黃和白砂糖上面。充分攪拌後，將所有混合物倒入小鍋中，加入剩餘的2/3的牛奶和吉利丁塊，不停攪拌直到加熱至90℃，冷卻後用均質機攪拌，放在陰涼處保存。

香草甘納許（Ganache）

加熱鮮奶油和香草籽與香草莢，關火後燜30分鐘。重新加熱鮮奶油，在沸騰之前加入吉利丁塊，用篩網過濾後分3次澆在法芙娜opalys牛奶巧克力上，充分攪拌，在陰涼處放置24小時。使用前用打蛋器打發。

薄脆餅（Feuilletine）

加熱奶油、水和鹽至沸騰，倒入糖粉、過篩的麵粉和竹炭粉。當混合物變得均勻，立即加入蛋白和去籽的香草莢。將混合物在矽膠墊上鋪開，厚度約0.2公分。放入烤箱，170℃烤20分鐘左右。烤好後切成長7公分、寬1.5公分的長方形，再將其捲在直徑為2公分的圓管上。

組合與完成

在檸檬香草沙布列餅底上抹開香草焦糖烤布蕾，加入小豆蔻香草甘納許，再加一點胡桃帕林內和香草甘納許，最後放上薄脆餅就可以品嘗了。

蛋白霜檸檬塔TARTE CITRON MERINGUÉE

楊尼克‧比格爾Yannick Begel（柯羅的池酒店LES ÉTANGS DE COROT）

簡單又真誠的烘焙，那些關於採摘的記憶

比起那些烘焙大師們的老生常談「我從小便被糕點的世界所吸引」，比格爾似乎是沉醉在採摘的快樂回憶中，在沃日山採摘藍莓、草莓、覆盆子，再帶回家裡的烘焙坊。他每嘗試一種新的甜點，都是從水果開始，這次是檸檬。檸檬塔是他鑑賞美味的標準，如果哪裡的檸檬塔做得不錯，他就會再回到這家烘焙坊或麵包店。他自己做的檸檬塔微酸、柔滑，沙布列餅底又帶來鬆脆的口感。防止檸檬鮮奶油醬化開的祕密就是吉涅司（Gênes）蛋糕，在塔皮和奶油中間加入杏仁和檸檬，柔軟又美味。被喚醒的檸檬萬歲！

分量：4人份　　**準備時間**：1小時30分鐘　　**製作時間**：2小時30分鐘　　**靜置時間**：2小時

材料

甜塔皮
糖粉40克
麵粉100克
奶油60克（室溫軟化）
杏仁粉12克
雞蛋30克

檸檬奶油醬
雞蛋90克
白砂糖88克

玉米粉6克
黃檸檬皮碎
（2個檸檬的量）
黃檸檬汁125克
奶油185克

吉涅司（Gênes）蛋糕
杏仁膏100克
雞蛋2個
奶油33克

麵粉20克
泡打粉1.2克

淋面
吉利丁1片
動物性鮮奶油112克
法芙娜Ivoire白巧克力
188克
黃色素適量
鏡面果膠75克

法式蛋白霜
蛋白25克
白砂糖20克
糖粉20克

裝飾
白巧克力適量
檸檬魚子醬適量

作法

甜塔皮
將糖粉、麵粉過篩，混合奶油加上杏仁粉，用刮刀攪拌，再加入雞蛋。將麵粉過篩後倒在混合物上輕輕攪拌。靜置2小時後，將麵團擀開，厚度為0.2公分，將擀好的麵皮鋪進模具中，在麵皮上刺些孔洞。將烤箱溫度調至180℃，放入麵皮烤15～20分鐘。

檸檬奶油醬
混合雞蛋、白砂糖、玉米粉和檸檬皮碎，攪打至發白即可。在小鍋中加熱檸檬汁直至沸騰。加入混合物，像製作卡士達醬一樣加熱所有配料。最後加入奶油，將檸檬奶油醬倒入耐熱矽膠模具或蓋上保鮮膜的長方形烤盤中，放入冰箱冷藏保存。

吉涅司（Gênes）蛋糕
將杏仁膏倒入均質機中攪拌，加入雞蛋，繼續攪拌至均勻。將奶油加熱到45℃，融化備用。將麵粉和泡打粉過篩。將雞蛋和杏仁膏倒入電動攪拌機的攪拌缸中，再加入融化的奶油，持續攪拌至均勻。加入麵粉和泡打粉，繼續攪拌直至混合物可以掛在攪拌棒上。提起攪拌棒，混合物必須像帶子一樣垂下來，不能斷。將混合物倒入耐熱矽膠模具或長方形烤盤中。將烤箱溫度調至160℃，放入麵糊烤10分鐘左右。

淋面
將吉利丁浸入水中，浸泡15分鐘使其軟化。加熱鮮奶油至沸騰，混合巧克力、色素和吉利丁成混合物，分3次將鮮奶油沖入混合物內混合均勻。加入70℃融化的鏡面果膠，用濾勺過濾後使其自然冷卻。

法式蛋白霜
打發蛋白，分3次加入白砂糖和糖粉。將蛋白霜倒入帶有擠花嘴的擠花袋中。用擠花袋擠出小水滴狀的蛋白霜，用80℃烤2小時。

裝飾
30℃溫度下融化鏡面，混合檸檬奶油醬為吉涅司（Gênes）蛋糕製作鏡面，用刮刀去除多餘的鏡面。將帶有檸檬鏡面的熱那亞蛋糕放在塔皮上，用小塊的蛋白霜圍成一圈裝飾在檸檬塔上，再裝飾些白巧克力、檸檬魚子醬即可。

漩渦巧克力塔TOURBILLON CHOCOLAT

雅恩‧布里斯Yann Brys

雅恩‧布里斯的招牌甜點、經典之作

雅恩‧布里斯從最初製作唱片檸檬塔，到如今的漩渦巧克力塔，他將傳統理念和現代技術相結合，並加入自己的元素。他曾是達洛優甜點店的首席顧問，在巴黎尋找自我，並安定下來。同時，他的名字也隨著他在甜點製作上的才華和創造力迅速傳播。他的製作尊重烘焙的傳統要求（尊重口感、材料的品質、美味和情感），總的來說，味道是他的極致追求。漩渦巧克力塔的外形非常精緻，口感和味道一樣經典，入口即化的巧克力鮮奶油，並不油膩卻味道濃郁的可可脂，還有塔底的鬆脆，帶來美味和視覺的雙重享受。

分量：20塊　準備時間：2小時　製作時間：12分鐘　冷藏時間：2小時

材料

黑巧克力鮮奶油霜
水12克
吉利丁片2克
白砂糖15克
蛋黃35克
動物性鮮奶油260克
調溫黑巧克力（64%）
100克

杏仁胡桃軟餅乾
玉米粉12克
杏仁粉50克
糖粉60克
胡桃35克

蛋黃10克
蛋白55克／55克
白砂糖30克
焦化奶油75克

東加豆巧克力甘納許（Ganache）
香草莢1根
東加豆（Tonka）1克
鮮奶油425克
白砂糖112克
調溫牛奶巧克力（40%）125克
調溫黑巧克力（64%）215克
奶油30克

巧克力薄脆片
碎榛果150克
玉米片150克
松子75克
烤過椰絲25克
杏仁醬80克
姜都亞醬（gianduia）100克
調溫牛奶巧克力（46%）80克
Ivoire白巧克力（33%）50克
鹽之花1小撮

組合與完成
條狀巧克力薄片適量
巧克力淋面適量

作法

黑巧克力鮮奶油霜
將吉利丁片泡軟後擠乾水分。白砂糖和蛋黃打發後與熱鮮奶油混合，繼續加熱至85℃。將混合物倒在巧克力和吉利丁上，攪拌均勻，冷卻後，在冰箱冷藏2小時。

杏仁胡桃軟餅乾
混合玉米粉、杏仁粉、糖粉和胡桃粉（把胡桃打成粉狀），加入蛋黃和55克蛋白。另外55克蛋白加入白砂糖打發，和前述配料混合，加入焦化奶油。將做好的麵團放在鋪有烘焙紙、大小為40×30公分的烤盤上，擀開。將烤箱溫度調至160℃，烤12分鐘。餅乾冷了以後，再用模型壓製出直徑為6公分的圓形餅乾。

東加豆巧克力甘納許（Ganache）
東加豆壓碎和香草莢，挖出香草籽，一起放入鮮奶油中加熱，不要沸騰，靜置4分鐘。白砂糖煮至焦糖狀，沖入過濾後、加熱的鮮奶油，再將其混合入巧克力中攪拌，最後加入奶油放涼，甘納許的溫度大約40℃左右。將圓形餅乾放在直徑為8公分的圓形模具中，將巧克力甘納許抹在餅乾上。

巧克力薄脆片
將榛果、玉米片、松子和烤過椰絲放入烤箱烤幾分鐘，混合杏仁醬、姜都亞醬，再加入融化的巧克力、乾果和鹽之花。將混合物製成直徑8公分的圓盤（每片重量大約為35克）。

組合與完成
將甘納許圓形餅乾放在巧克力薄脆片上，在表面擠上黑巧克力奶油霜。用巧克力條裝飾並點綴上巧克力淋面。

奶油塔TARTE À LA CRÉME

貝努瓦·卡斯特爾Benoît Castel（自由甜點店LIBERTÉ）

烘焙，不只是精神的棲息地，也是生活之所

貝努瓦·卡斯特爾既是烘焙師，又是麵包師。他熱愛自己的職業，也覺得烘焙這種與日常生活密切聯繫的活動，拉近了人與人的距離。他的祕訣就在這兒，遠超越銷售給別人什麼東西，他更傾向於給顧客帶來輕鬆的享受。在自由甜點店裡，人們入座、談笑著，品嘗著美味的奶油塔。奶油塔是非常常見的一種甜點，在動畫片裡、電影裡我們經常看到，但在麵包店裡並不多見。貝努瓦·卡斯特爾的奶油塔，靈感來自童年的記憶，新鮮的草莓和酸甜的鮮奶油正是他的最愛。甜酥皮、香草卡士達醬、新鮮奶油醬……這種奶油塔美味、輕柔、樂趣無窮，第一口吃下去，香味就令人沉醉。

分量：8 人份　　**準備時間**：1 小時 30 分鐘　　**製作時間**：18 分鐘　　**冷藏時間**：2 小時

材料

甜塔皮
軟化奶油240克
白砂糖150克
杏仁粉50克
雞蛋80克
香草莢1根
（挖出香草籽一起用）
低筋麵粉400克

卡士達醬
生牛乳500克
白砂糖100克
香草莢1個
玉米粉50克
蛋黃80克
奶油30克

香緹鮮奶油
有機鮮奶油375克
伊士尼鮮奶醬375克
糖粉40克
香草莢0.5根

作法

甜塔皮
將奶油、白砂糖和杏仁粉放在電動攪拌機的攪拌缸中，用槳狀攪拌棒持續攪拌，直至混合物變為均勻的膏狀。加入雞蛋和香草莢，混合後，加入麵粉，繼續攪拌。當麵糊可以黏在攪拌缸的內壁時，取出麵糊，捏成麵團，包上保鮮膜，在陰涼處鬆弛1小時。將麵團擀成厚度約0.3公分的麵皮，放入直徑2公分的塔模中。放入烤箱，烤箱預熱160℃烤18分鐘。烤好後，取出餅皮，放在烤架上自然冷卻。

卡士達醬
在小鍋中把牛奶、白砂糖、香草籽和香草莢一起放入加熱直至沸騰，取出香草莢，混合玉米粉和蛋黃，把一半牛奶沖入蛋黃混合物中，混合均勻，再全部倒回原來的鍋中和另一半牛奶混合。持續加熱4分鐘，最後加入奶油，倒入方形長盤中，包上保鮮膜，冷卻後冷藏1小時。

香緹鮮奶油
用打蛋器打發鮮奶油和伊士尼奶油醬。加入糖粉和香草莢（挖出香草籽一起用）。小提醒：打發奶油能夠站挺在打蛋器上表示已經打好了。

裝飾
用塑膠刮刀將卡士達醬抹在塔底上，抹開後將四邊修整光滑。將香緹奶油裝入擠花袋中，螺旋形繞著擠在甜點上，冷藏保存。

燕麥奶油千層塔
TARTE FEUILLETÉE AUX FLOCONS D'AVOINE

貢特朗・切里耶爾Gontran Cherrier

充滿激情的麵包師，年輕人與他的蛋糕

貢特朗・切里耶爾喜歡巴黎，尤其是蒙馬特，他幾乎不會去別的地方了。在烘焙上，他充滿天賦與激情，他製作的每一個糕點無不在麵粉的使用上反覆挑選和斟酌。比如這一款燕麥奶油千層塔，他加入了少量的黑麥麵粉，從顏色上來看，白色的奶油搭配深色的燕麥，相得益彰。在貢特朗・切里耶爾看來，芝麻在甜點中使用得比較少，但實際上芝麻能為甜點帶來更廣的層次和綿長的香味。他製作的奶油千層塔圓圓的，甜味較淡，加入了芝麻，更有吸引力，打架的時候可絕對不要把它當石頭扔哦！

分量：4～6人　　**準備時間**：1小時30分鐘時　　**製作時間**：30分鐘　　**鬆弛時間**：17小時

材料

黑麥千層派皮	燕麥鮮奶油	燕麥香緹鮮奶油	燕麥酥
法國T45麵粉250克	吉利丁片1片	吉利丁片2.5片	白砂糖100克
黑麥麵粉90克	鮮奶油125克	燕麥113克	麵粉100克
水135克	燕麥12克	動物性鮮奶油250克／375克	燕麥100克
鹽7克	蛋黃35克	白砂糖50克	奶油（冷）100克
奶油（融化）85克	白砂糖20克	香草莢2根	
奶油（冷）250克	香草莢1根	馬斯卡邦起司65克	
糖粉適量			

作法

黑麥千層派皮

將麵粉、水、鹽和融化的奶油倒入攪拌缸中充分攪拌混合成麵團，包上保鮮膜後靜置30分鐘左右。從冰箱中取出奶油（冷），將奶油放在烘焙紙上，用擀麵棍擀成1公分厚的長方形。在工作臺撒上薄薄的一層麵粉，將麵團擀成1公分厚的長方形，面積比奶油大2倍。將奶油放在派皮上，用派皮把奶油包住，注意要把派皮完全捏合住，而且派皮和奶油的溫度必須是相同的。將派皮進一步擀開，長度要是剛才的3倍。第一次將派皮旋轉90度，派皮的2端折向中心，再沿中心對折，折起的每一塊大小要相同。將麵皮重新擀開，擀成最初大小的長方形。重複剛才折疊的步驟後，第1輪擀皮就完成了。將麵皮放入冰箱冷藏1小時後取出，將剛才的步驟再重複3遍，擀的時候可以在工作臺上撒些麵粉，以防麵皮黏住。第4次擀皮的時候，將千層派皮擀成0.4公分厚，放入冰箱冷藏。把派皮鋪在烤盤（或烤架上），取4個中空塔模頂住烤盤4個角，蓋上另一個烤盤。將烤箱溫度調至170℃，烤10分鐘即可。將塔皮翻面，撒上糖粉。將烤箱溫度調至220℃，在烤箱前稍等幾分鐘，待糖粉焦糖化即可取出，使其自然冷卻。用直徑為8公分的圓形模型切出圓形塔皮。

燕麥鮮奶油

將吉利丁片泡冷水，泡軟後將多餘的水分擠掉。在小鍋中放入鮮奶油、燕麥、蛋黃、白砂糖和香草籽與香草莢加熱，邊煮邊攪拌直到溫度達到85℃。將小鍋離火，加入軟化的吉利丁，用手持均質機攪拌混合物，攪拌好後將混合物倒入直徑為3公分的半球形矽膠模型中，放入冰箱冷凍至少5小時，備用。

燕麥香緹鮮奶油

將吉利丁片放入冷水中泡軟。將燕麥泡入250克鮮奶油中，浸泡5分鐘，過濾混合物，濾出190克的鮮奶油，如果需要的話，可以另外補一些鮮奶油。鍋子內放入375克鮮奶油、白砂糖、泡好的吉利丁和香草籽，小火加熱至40℃。剛煮好的鮮奶油和冷的鮮奶油混合後，加入馬斯卡邦起司，充分混合後，冷藏12小時。

燕麥酥

混合所有材料，放入烤箱中用150℃的溫度烤15分鐘。

裝飾

用電動打蛋器打發燕麥香緹鮮奶油，在黑麥千層塔皮上擠一點香緹鮮奶油，再將燕麥鮮奶油呈圓球狀擠在千層上。用有齒狀的擠花嘴擠出漂亮的鮮奶油花環。最後將燕麥酥均勻地裝飾在甜點上。

羅勒檸檬塔TARTE CITRON&BASILIC

雅克‧格寧Jacques Génin

雅克之於烘焙界，就相當於小黑裙之於時尚界

貝亞恩醬，是的，這就是為什麼這種塔能成為雅克‧格寧心頭摯愛的原因，塔上使用的醬料以亨利四世的出生地「貝亞恩」命名。羅勒的味道彌漫在濃香的英式奶油醬中，再加上柔滑的奶油。對雅克這樣一個將糕點看得像生命一樣重要的人來說，羅勒檸檬塔在他心中的地位是獨一無二的。因為除了這款塔之外，他不喜歡任何其他的檸檬塔，他認為它們口味太重，略帶微酸，就像法國「krema」牌的糖果一樣。而他的檸檬塔酸得純粹，綠檸檬十分新鮮，香味宜人，羅勒又為這款塔增加1層新的味道，好像能讓塔呼吸起來。首先嘗到的是檸檬的酸味，然後是塔皮的鬆脆，最後是羅勒和奶油的香味，層層疊疊，就像輕柔的撫摸。

一體成型的塔皮十分酥脆，切開後塔上的醬汁四溢，用湯匙輕輕一碰，塔皮就碎了。雅克‧格寧為我們帶來一款完美的檸檬塔。

分量：10～12人份　**準備時間**：1小時30分鐘　**製作時間**：20分鐘　**冷藏時間**：4小時30分鐘

材料

塔皮
糖粉125克
杏仁粉30克
奶油（室溫）175克
香草莢0.5根

雞蛋60克
鹽2克
法國T45麵粉310克

羅勒檸檬醬
羅勒20克

雞蛋3個
白砂糖170克
綠檸檬汁180克（6～10個檸檬）
無鹽奶油200克
檸檬皮碎（3個檸檬的量）

作法

塔皮

將糖粉、杏仁粉、奶油塊和香草籽放入多功能攪拌機的攪拌缸中，用槳狀攪拌棒進行攪拌，加入雞蛋後繼續攪拌，然後加入鹽和麵粉混合攪拌。將塔皮放在2張烘焙紙之間，用擀麵棍擀成0.5公分厚，在陰涼處放置1小時30分鐘。取1個直徑為26公分的圓形無底塔模，塗上奶油，放入塔皮，用叉子在塔皮上紮一些小洞，防止烤製時塔皮鼓起來，將塔皮放入烤箱中，160℃烤16～20分鐘。小提醒：為了保證烤出來的塔皮整齊美觀，在第13分鐘時要取下圓形塔模。

羅勒檸檬醬

將羅勒切碎放入小鍋中，剪碎，加入雞蛋和白砂糖，充分混合後加入檸檬汁，小火加熱，並不斷攪動，使醬料變得濃稠。在醬料微微沸騰還未徹底沸騰之前，將小鍋離火，用塑膠刮刀協助，拿一個篩網過濾醬料，靜置使其冷卻至45℃～50℃後，加入切成小塊的奶油，用手持均質機進行均質。將做好的檸檬醬放入冰箱冷藏3小時，一旦醬料凝固，質地像奶油一樣，就可以將其抹在塔皮上，表面抹平並整型。用刨刀刨下檸檬皮碎，將綠檸檬的皮碎撒在塔上。品嘗之前要把塔冷藏保存。

腰果夾心塔CARACAJOU

紀堯姆・吉勒Guillaume Gil（色彩繽紛蛋糕店COLOROVA）

「我不喜歡思來想去，只喜歡按自己的感覺來製作糕點。」
從高級烹飪學校畢業後，紀堯姆・吉勒又繼續在他的糕點店「色彩繽紛」裡每天和烘焙打交道，幸運的是，他做的是自己喜歡的事，還擁有了自己的烘焙店鋪。他不喜歡「為烘焙而烘焙」的理念，堅持打造好口味的糕點，他每天製作的糕點數量不多，但都品質絕倫。如果說哪一款糕點充滿了設計感，那一定不是他故意的。做糕點的時間越長，紀堯姆・吉勒越不在意糕點的設計、外形、裝飾，他只專注於味道。只關注「第一口吃下去，這糕點帶來了什麼？」他會回答「美味，這就夠了，其他的都不重要。」腰果夾心塔是焦糖、鮮奶油夾心和腰果之間的完美平衡。巧克力鮮奶油霜和焦糖香緹鮮奶油慕斯帶來了無盡柔滑……還是靜靜地去品味吧！

分量：15個　　**準備時間**：3小時　　**製作時間**：20～27分鐘　　**靜置時間**：37小時

材料

甜塔皮
奶油125克
白砂糖125克
雞蛋90克
麵粉315克
泡打粉3.5克

腰果焦糖
白砂糖100克
葡萄糖漿50克
鮮奶油200克
半鹽奶油50克
鹹腰果150克

腰果牛軋汀
紅糖150克
葡萄糖漿150克
奶油150克
腰果粉150克

腰果鮮奶油霜
蛋黃50克
白砂糖25克
鮮奶油125克
牛奶125克
可可百利焦糖牛奶巧克力150克
吉利丁片1片
腰果粉50克

焦糖慕斯
葡萄糖漿40克
白砂糖95克
動物性鮮奶油80克／175克
吉利丁片1.5片
半鹽奶油25克
蛋黃40克

焦糖淋面
葡萄糖漿50克

白砂糖50克
鮮奶油80克
水180克
可可百利焦糖牛奶巧克力60克
法芙娜白巧克力60克
吉利丁片1.5片

香緹鮮奶油
白砂糖50克
鮮奶油（加熱）250克
香草莢1根
白巧克力250克
鮮奶油250克

裝飾
焦糖適量
腰果適量

作法

甜塔皮

將奶油軟化和白砂糖一起倒入電動攪拌機的攪拌缸中充分攪拌，當奶油糊變得均勻後，加入雞蛋繼續攪拌均勻，加入麵粉和過篩的泡打粉。當混合物攪成一個球形壓平後，用保鮮膜包住，冷藏12小時。第2天，將塔皮放入圓形無底塔模中。小提醒：如果塔皮麵團很硬，就將其夾在 2張烘焙紙之間，壓一壓。然後再放置在陰涼處靜置20多分鐘。取下烘焙紙，將塔皮放入圓形塔模中。用叉子在塔皮上扎一些小孔，防止塔皮在烤的過程中膨起來。將烤箱預熱到180℃，烤12分鐘。

腰果焦糖

在小鍋中混合白砂糖和葡萄糖漿，中火加熱，直到焦糖呈現漂亮的棕色。用另一個小鍋混合鮮奶油和奶油焦糖醬，繼續加熱，混合均勻後，過濾醬汁，再將焦糖倒在壓碎的腰果上，放置備用。

腰果牛軋汀

在小鍋中混合白砂糖和葡萄糖漿，小火加熱。當糖開始融化時，分3次加入奶油。當混合物質地再次變得均勻時，加入腰果。將牛軋汀夾在2張烘焙紙之間，放入烤箱，以180℃烤10～12分鐘，用1個直徑6公分的圓形切模切出小圓盤。

腰果奶油霜

用蛋黃、糖、鮮奶油和牛奶製作英式蛋奶醬（或安格列斯醬），當混合物溫度達到80℃時，將其澆在壓碎的巧克力上，加入吉利丁和腰果，用手持均質機充分攪拌，取出後放在碗中備用。

焦糖慕斯

將55克的白砂糖和所有葡萄糖漿倒入小鍋中，中火加熱直至糖漿變成漂亮的棕色。用80克熱鮮奶油融化焦糖。注意：鮮奶油一定要是熱的，冷鮮奶油澆上去後糖漿可能會變硬。放入奶油，當混合物溫度為25℃～30℃時，加入吉利丁。在電動打蛋器中打發175克冷奶油，注意要打成奶油慕斯狀。將剩下的白砂糖倒入一個小鍋中，倒一些水，水剛好漫過白砂糖即可。加熱白砂糖至120℃。將熱糖水澆在蛋黃上持續攪打，混合物一旦變白，立即摻和所有製好的配料，在慕斯凝固之前，將其倒入直徑為6公分的圓形模型中，冷凍12小時。

焦糖淋面

加熱葡萄糖漿和白砂糖，製成漂亮的棕色焦糖，再加熱水以及鮮奶油，2者混合均勻，沖入巧克力，當混合物的體積縮小一半時加入吉利丁。

香緹鮮奶油

將白砂糖單獨煮成焦糖，加入熱的鮮奶油融入焦糖醬中，加入香草籽和香草莢，包上保鮮膜，在冰箱冷藏1夜。第2天，重新加熱焦糖醬，並加入冷鮮奶油。冷藏1夜後打發成香緹鮮奶油。

裝飾

用腰果焦糖來裝飾塔底。將腰果慕斯裝入帶有直徑0.4公分擠花嘴的擠花袋中，將慕斯呈蝸牛狀擠在塔上。在每個塔上放上腰果鮮奶油夾心。取出焦糖慕斯餅。隔水加熱融化焦糖鏡面，將焦糖鏡面醬淋在慕斯餅上。將慕斯餅放在腰果鮮奶油夾心上方，打蛋器打發焦糖香緹鮮奶油，將鮮奶油倒入帶有直徑2公分擠花嘴的擠花袋中，擠出1個漂亮的球形，用腰果和焦糖裝飾即可。

榛果迷你塔TARTELETTE NOISETTE

塞德里克・格朗萊特CÉDRIC GROLET（茉黎斯糕點店LE MEURICE）

塞德里克・格朗萊特是當今引領風潮的標誌性人物，他天賦異稟，影響震撼烘焙界。他似乎擁有永不枯竭的創意天賦，能不斷創新，發明新的糕點。他雖然天賦異稟，仍不知疲倦地嘗試。水果造型糕點令人驚豔，秋天到來時，他又製作出這一款榛果迷你塔。他將這款糕點看作他最精美、最成功的作品之一，充滿他的個人風格，是一款前所未見的新式糕點。外觀上的金色條紋讓它看起來就像一塊巧克力，這實在是一種創舉。品嘗時，需要將迷你塔從上方切開，切成4塊，這樣每一口都能享受迷你塔不同的層次和味道。首先入口的是酥皮的脆甜，然後是溢出的帕林內，有鹽之花的味道，還有濃濃的榛果味，這要得益於酥皮表面裝飾的榛果鮮奶油。一切的設計都那麼精巧，濃郁又美味。

明天萬歲，即將到來的每一天萬歲！

分量：10個　**準備時間**：3小時　**製作時間**：20分鐘　**冷藏時間**：16小時

材料

甜塔皮
奶油75克
糖粉50克
杏仁粉15克
鹽之花1小撮
香草粉1小撮
雞蛋30克
法國T55麵粉125克

榛果奶油醬
（可按照需求增加用量）
奶油75克
白砂糖75克
榛果細碎90克
雞蛋75克
較大顆粒的碎榛果10克

打發的榛果甘納許（Ganache）
（可按照需求增加用量）
吉利丁塊17克
牛奶125克
烤過的榛果40克
法芙娜象牙白巧克力50克
榛果膏80克
鮮奶油215克

濃焦糖醬
（可按照需求增加用量）
鮮奶油20克
牛奶50克
葡萄糖漿50克／105克
香草莢1根
鹽之花2克
白砂糖95克
奶油70克

焦糖填餡
（每個迷你塔需12克）
濃焦糖醬115克
牛奶15克

帕林內榛果醬
（可按照需求增加用量）
白砂糖200克
水60克
榛果300克
精鹽2克

牛奶淋面
（每個迷你塔需10克）
可可脂100克
牛奶巧克力（可調溫）100克

裝飾
金粉適量
碎榛果適量

作法

甜塔皮

在電動攪拌機的攪拌缸中混合奶油、糖粉、杏仁粉、鹽和香草粉，加入雞蛋，再加入麵粉。將塔皮冷藏1小時，將塔皮擀開，厚度為0.2公分。給直徑5公分、高2公分的圓形模型內塗上奶油，放入塔皮，冷藏1天。將塔皮專用重石壓在塔皮上，防止塔皮在烤的過程中鼓起來，以160℃烤12〜16分鐘。

榛果奶油

混合打發奶油、糖和榛果碎，一點一點地加入雞蛋。將榛果奶油醬放入擠花袋，擠在烤好的塔皮上，每個塔皮上擠上8克榛果奶油醬。將大顆粒的碎榛果撒在上面，在烤箱中以170℃的溫度烤6〜8分鐘。

打發榛果甘納許（Ganache）

將吉利丁泡入水中，做好吉利丁塊。加熱牛奶，加入烤過的榛果，充分混合攪拌後，靜置20分鐘。過濾後重新給牛奶稱重，加熱牛奶混合物，將牛奶混合物澆在象牙白巧克力上，融化巧克力。加入融化的吉利丁塊充分混合。再加入榛果膏和鮮奶油，混合攪拌。冷藏至少12小時。

濃焦糖醬

混合加熱鮮奶油、牛奶、50克葡萄糖漿、香草和鹽之花。加熱白砂糖和105克葡萄糖漿至185℃，把熱鮮奶油沖入焦糖內，繼續加熱至105℃，過濾。當焦糖溫度為70℃時，加入奶油。混合攪拌。

焦糖填餡

混合所有配料，將混合物放入直徑4公分的半球形模具中：每個模型中倒12克混合物。放入冰箱冷凍。

帕林內

混合加熱白砂糖和水至110℃，加入烤過的榛果，用耐熱塑膠刮刀不停攪拌，才不會煮焦。砂糖會因為溫度變化結晶，產生翻砂現象。繼續加熱，繼續攪拌直至沾滿焦糖液。加入鹽後，將榛果粒分開鋪在矽膠墊上冷卻。在多功能攪拌器中攪拌，得到口感鬆脆的榛果醬。將榛果醬倒入直徑2.5公分的半球形模型中，每個模具中倒8克的量，冷凍。

牛奶淋面

融化所有配料後充分混合攪拌。

裝飾

將榛果甘納許慕斯倒入半球形模型中，高度為0.45公分高，加入焦糖填餡，將表面修整光滑。快速冷凍，直至甘納許凝固，將剩下的榛果甘納許放置在陰涼處。取下半球形模具，給榛果甘納許和焦糖填餡的混合物造型，做成尖頂狀。加熱牛奶淋面，溫度為45℃〜50℃。將做好造型的混合物淋上牛奶淋面中，迅速去除多餘的鏡面淋醬，並用金屬刷子刷一次，最後塗上金粉。將半球形尖頂放在塗有油脂的烘焙紙上，用杏仁鮮奶油裝飾塔皮，在上面再塗一層濃焦糖。將半球形尖頂放在塔皮上，最後一步是將碎榛果裝飾在每個迷你塔的四周。

「約會」巧克力塔
TARTE CHOCOLAT«RENDEZ-VOUS»

讓—保羅‧埃萬Jean-Paul Hévin

追尋美味的巧克力大師

在成為巧克力大師之前，讓—保羅‧埃萬是個美食品味家，他閉著眼睛都能嘗出1顆蠶豆的原產地來。真是這項充滿熱情的工作推動他日後在成為巧克力製作大師，接著又成為糕點大師。這款巧克力撻擁有完美的造型、精細的調溫和極致的平衡。讓—保羅‧埃萬的烘焙作品為您帶來令人震撼的美味。他的巧克力撻是理想的作品，是行業的標杆。一切盡在其中。巧克力塔皮無可挑剔，咬在嘴裡，塔皮在齒間留香，巧克力甘納許濃郁，然後是2者融合的味道。真是完美的一刻。

分量：5人份　**準備時間**：25分鐘　**製作時間**：20分鐘　**冷藏時間／靜置時間**：4小時

材料

巧克力塔皮
可調溫巧克力20克
（可可含量68%）
無鹽奶油（室溫軟化）105克
糖粉65克
杏仁粉22克
香草粉0.25克

鹽1小撮
雞蛋35克
麵粉175克

巧克力甘納許（Ganache）
可調溫巧克力170克（可可含量63%，原產於秘魯）
鮮奶油250克

轉化糖漿10克

裝飾
巧克力米2個
蛋白霜1個
金粉適量

作法

巧克力塔皮
隔水加熱巧克力。混合奶油、糖粉、杏仁粉、香草粉和鹽，加入雞蛋、麵粉，再加入融化的巧克力，充分攪拌至均勻，包上食品保鮮膜，冷藏2小時。取出後將塔皮擀開，擀得越薄越好，擀成圓形。將塔皮放入直徑22公分的環形模具中，用叉子在塔皮上紮一些小孔，再放上烘焙重石，防止塔皮在烤的過程中膨起來。180℃烤20分鐘後取出，冷卻後刷上1層已融化的可可含量68%的專業可調溫巧克力。這樣可以起到防潮的作用，保證塔皮的酥脆口感，放在室溫下保存。

巧克力甘納許（Ganache）
切碎巧克力，倒入沙拉盆中。混合加熱鮮奶油和轉化糖漿至沸騰，分3次澆在巧克力上，充分攪拌至均勻。

裝飾
將熱的巧克力甘納許澆在塔底上，在室溫（18～20℃）下靜置2小時。放上2個巧克力米和1個蛋白霜，最後用金粉裝飾即可。

蘋果塔TARTE AUX POMMES

心夜稻垣Shinya Inagaki
（尼祿麵包坊──未來之地BOULANGERIE DU NIL-TERROIRS D´AVENIR）

家常但美味的糕點

如果所有的土地都像撒母耳·納漢和亞歷山大·德魯阿爾德看到的那般美好，未來將處處開遍美麗之花。他們的土地是美麗、稀有而真實的，他們的麵包房也是。在這裡，有心夜稻垣的一片小天地，他希望能在自己的天地裡展現法國的美好：好的麵包和好的紅酒。心夜稻垣對不同的小麥和麥文化很感興趣，因此他也加入了撒母耳·納漢和亞歷山大·德魯阿爾德的探索之旅。應季是他們考慮的核心要素，他推出的糕點造型簡單，品質卓越。他是杏仁鮮奶油醬的瘋狂愛好者，從他的巧克力杏仁棒和杏仁可頌就可以看出。在這款蘋果塔中，當然也少不了他的最愛。對心夜稻垣來說，這款蘋果塔那麼神聖，是他的最佳之選。一口吃下去，就嘗到恰到好處的酥皮、濃醇的杏仁鮮奶油醬還有入口即化的蘋果，所有食材都完美融合。

分量：4人份　　**準備時間**：45分鐘　　**製作時間**：45分鐘　　**靜置時間**：2小時

材料

塔皮
無鹽奶油（室溫軟化）65克
糖粉40克
杏仁粉15克
T65麵粉110克

鹽1小撮
小顆雞蛋1個

杏仁鮮奶油醬
無鹽奶油（室溫軟化）50克
金色赤砂糖50克

小顆雞蛋1個
杏仁粉50克

裝飾
大蘋果1個

作法

塔皮
在電動攪拌機的攪拌缸中，攪打奶油和糖粉至均勻，加入杏仁粉，麵粉和鹽，混合攪拌後加入雞蛋，繼續攪拌直至混合物變成1個緊實的麵團。給麵團包上保鮮膜，在陰涼處放置至少2小時。

杏仁奶油醬
將烤箱預熱到220℃。混合攪拌奶油和金色赤砂糖，加入雞蛋，再加入杏仁粉，混合攪拌。

組合
將塔皮擀開，放入直徑16公分的圓形模具中，用叉子在塔皮上紮小孔，擠上一層厚厚的杏仁奶油醬，蘋果切成薄片。在奶油醬上蓋上一層蘋果片，在220℃的溫度下，烤45分鐘即可。

香橙黑巧克力塔
TARTE CHOCOLAT NOIR & ORANGE

吉勒・瑪律夏爾GILLES MARCHAL（紹丹之家甜點店MAISON CHAUDUN）

和別人對他的預期完全不同，他突破了巧克力的界限

紹丹先生的店鋪一直延續著手工塑形的傳統。吉勒・瑪律夏爾接手幾個月之後，這家店鋪就因吉勒的風格而聲名遠播。兩個人都是巧克力的狂熱愛好者，毋庸置疑，碰撞出了精彩的火花。除了翻糖和漂亮的大理石鏡面，巧克力塔的關鍵所在就是巧克力。紹丹先生沒有重視糕點的部分，而吉勒・瑪律夏爾以一個純粹巧克力經營者的姿態，重新賦予糕點以生命。吉勒既注重糕點的味道，也注重糕點的外觀，他欣賞那些做得像珠寶一樣精美的糕點，一眼就讓人無法移步。這款巧克力塔融合了2種優點：酥皮美味而金黃，還有巧克力的柔軟和黑巧克力英式鮮奶油醬的美味，糖漬柑橘的微酸帶來小驚喜，還有完美的巧克力鏡面。經典永流傳。

分量：6人份　**準備時間：**1小時30分鐘　**製作時間：**25小時　**靜置時間：**28小時

材料

塔皮
無鹽奶油150克
糖粉120克
細杏仁粉30克
雞蛋1個
波本香草莢0.25根
精鹽2撮
法國T45麵粉300克

黑巧克力鮮奶油霜
全脂牛奶125克
鮮奶油125克
蛋黃2個
法芙娜加勒比黑巧克力
190克（可可含量66%）

可可淋面
吉利丁片10克
礦物質水180克
白砂糖200克
可可粉70克
動物性鮮奶油125克

裝飾
糖漬香橙適量
索韋里亞香橙鮮奶
油適量
金箔適量

作法

塔皮
將奶油切成小塊，加入糖粉和杏仁粉，充分混合，再加入雞蛋、香草、精鹽和麵粉，充分攪拌成麵團。將麵團夾在2張烘焙紙中間，擀成厚度0.3公分的麵皮，冷藏2小時。給一個直徑18公分、高2公分的圓形塔圈塗上奶油，將麵皮做成直徑22公分的圓環形。將麵皮鋪入塔圈底部，去掉多餘的部分，鬆弛24小時。在烤箱中以150℃烤25分鐘。

黑巧克力鮮奶油霜
混合加熱鮮奶油和牛奶至沸騰，再和蛋黃混合，像製作英式蛋奶醬一樣。加熱至83℃，讓醬汁變得稠厚，能夠裹在木鏟上。直接將蛋奶醬過濾淋在切碎的巧克力上，讓巧克力融化1分鐘，用刮刀攪拌，直至混合物變得柔滑、有光澤。

可可淋面
將吉利丁泡入水中，泡軟，擰乾水分，備用。在小鍋中混合加熱礦泉水、白砂糖、可可粉和鮮奶油至105℃，不停攪拌，過篩。趁熱將吉利丁融化在鏡面淋醬中。

組合與完成
將索韋里亞香橙鮮奶油倒入帶有8號擠花嘴的擠花袋中，將鮮奶油擠在塔底上，厚度為0.1公分，放上一些塊狀的糖漬甜橙，蓋上1層巧克力鮮奶油霜，冷藏1小時。加熱淋面至35℃～38℃。從冰箱中取出塔皮，將可可淋面淋滿塔皮，用抹刀去除多餘的部分，並將表面修整光滑。將巧克力塔放在紙板上，用糖漬香橙和金箔裝飾，冷藏後品嘗。

葡萄柚塔LA TARTE AU PAMPLEMOUSSE

雨果・普熱Hugues Pouget（雨果和維克多蛋糕店HUGO & VICTOR）

一款漂亮優雅又精緻的糕點

在米其林三星飯店蓋伊薩沃伊工作時，雨果・普熱已經在構想他自己的糕點店了。他幻想那糕點店裡有一張真正屬於他的甜品單，他製作的甜品尊重時令（無花果、黃香李、櫻桃等水果上市時間都不超過3個月）和市場。他的靈感往往來自於傳統，如聖蠟節的薄餅、懺悔節的油煎糖糕、復活節的彩蛋……他希望自己的店裡有這些元素。2010年，他的構想成真了。他製作的這款葡萄柚塔，帶給人們很多驚喜，這是一款非常暢銷的糕點。但它的推出也冒著一定風險，它有些酸，甚至還帶著苦味。但這款葡萄柚塔的優點和製作者的目的也很明顯，沙布列酥皮鬆脆、杏仁鮮奶油香濃、葡萄柚鮮奶油霜新鮮。杏仁鮮奶油帶來柔滑，然後是葡萄柚鮮奶油霜，帶來出乎意料的平衡與美味。

分量：6人份　**準備時間**：1小時30分鐘　**製作時間**：28分鐘　**靜置時間**：8小時

材料

沙布列酥皮
法國T45麵粉88克
奶油53克
雞蛋20克
鹽之花2克
糖粉33克

杏仁粉12克
法式奶油霜
白砂糖66克
水10克
葡萄糖漿20克
雞蛋33克

奶油100克
黃檸檬2個

葡萄柚鮮奶油霜
吉利丁片3克
玫瑰色葡萄柚汁100克
白砂糖75克

雞蛋100克
奶油200克
橙皮碎4克
金巴利酒25克

裝飾
粉紅葡萄柚3千克

作法

沙布列酥皮
將麵粉過篩。將冷奶油切成小塊。在沙拉盆中，用手混合麵粉和奶油成沙狀。打1個雞蛋，打好後稱重，只要20克，將雞蛋和鹽倒入沙拉盆中充分混合。當混合物變得均勻後，第一時間倒入過篩的糖粉和杏仁粉。當混合物變均勻而柔滑時，揉捏出一個麵團，包上保鮮膜，冷藏鬆弛至少5小時。取170克麵團，用擀麵棍擀薄。將擀好的酥皮放入直徑20公分的圓形塔圈中，冷藏保存。

法式奶油霜
將白砂糖、水、葡萄糖漿倒入小鍋中，加熱至121℃。用電動攪拌機打發雞蛋，保持打發的速度為高速，將熱糖漿澆在蛋液上持續攪拌。當奶油醬溫度下降後，加入奶油塊。當奶油醬變得柔滑而均勻時，停止攪拌。鮮奶油醬放在其他容器中，在陰涼處保存。從冰箱中取出塔皮，在烤箱中以180℃烤20分鐘。混合法式奶油霜和用刨絲器刨碎的橙皮。將法式奶油霜倒入裝有擠花嘴的擠花袋中擠在塔皮上。放入烤箱，以190℃烤7～8分鐘。

葡萄柚鮮奶油霜
將吉利丁泡入冷水中。在小鍋中混合加熱葡萄柚汁、白砂糖和雞蛋，大火加熱並充分攪拌，製作出柔滑的葡萄柚醬。過篩後，再和奶油、橙皮碎、金巴利酒和吉利丁混合，使葡萄柚奶油醬其變得柔滑，冷藏2～3小時。

裝飾
將葡萄柚鮮奶油霜倒入帶有擠花嘴的擠花袋中。待塔皮冷卻後，擠上葡萄柚鮮奶油霜，厚度為0.2～0.3公分。剝開葡萄柚，將果肉鋪在塔皮上，鋪成花瓣的形狀即完成。

史密斯先生MONSIEUR SMITH

菲力浦・里戈洛Philippe Rigollot

一半水果，一半蛋糕「史密斯先生」令人驚奇，吸引眼球

菲力浦・里戈洛於2007年創作出這款糕點，那是為了參加法國最佳手工業者的評選。評選給出的主題是水果塔，而菲力浦·里戈洛毫不猶豫地選擇了蘋果塔來參賽。帶著對傳統烘焙的敏銳嗅覺，他心中構想的是一種生、熟水果的碰撞，一種視覺上的衝擊。他的作品贏得了評委的肯定。菲力浦認為，挑剔的專業評委都會愛上這種味道，那麼大眾也會喜歡。他回到了自己的店裡，幾個月後，製作出了另一款粉紅色的糕點，史密斯先生的夫人：史密斯太太。從外邊咬下去的時候，我們會感覺咬到一個脆蘋果，但馬上就襲來香草的綿柔，生、熟蘋果果味的碰撞，然後是充滿奶油濃香的酥脆塔底……不要被它的外表欺騙，簡單的外觀下包裹的是層次豐富的口感。

分量：6個　　準備時間：2小時　　製作時間：27分鐘　　冷藏時間：7小時

材料

甜塔皮

奶油65克
法國T55麵粉75克
馬鈴薯粉43克
杏仁粉13克
糖粉40克
香草莢0.5根
鹽1克
雞蛋24克

杏仁奶油醬

奶油25克
糖粉25克
玉米粉2.5克
杏仁粉25克
雞蛋15克
蘭姆酒5克

蘋果醬

吉利丁片2.5片

青蘋果果泥120克
白砂糖12克
香草莢0.5根
青蘋果115克

香草香緹鮮奶油

動物性鮮奶油118克
白砂糖7克
香草莢0.25根

青蘋果酒淋面

無色鏡面果膠150克
青蘋果酒8克
淺綠色著色劑適量
黃檸檬著色劑適量

裝飾

香草莢0.5根

作法

甜塔皮

將奶油軟化，加入所有的配料，充分攪拌，使混合物質地均勻。將混合物揉成一個麵團，包上保鮮膜，冷藏1小時。用擀麵棍將麵團擀開，厚度為0.3公分，將麵皮放入直徑8公分的塔模中。放入烤箱裡面，以150℃的溫度烤15分鐘。

杏仁奶油醬

將奶油壓成膏狀，加入所有的粉狀物後混合。再加入打好的雞蛋和蘭姆酒。在事先烤過的甜塔皮上擠上一些杏仁奶油醬，再放入烤箱中，以175℃烤12分鐘。取出後，放在烤架上冷卻。

蘋果醬

將吉利丁片泡入冷水中。在小鍋中加熱青蘋果果泥、白砂糖、0.5根香草莢裡的香草籽。將青蘋果切成小丁。將吉利丁加入果泥中，用手持均質機進行攪拌，加入蘋果丁，冷藏保存。

香草香緹鮮奶油

將冷的鮮奶油、白砂糖、和香草莢，取出香草籽一起放入攪拌機的攪拌缸中，充分打發，直至鮮奶油能在攪拌器上立起一個尖。將香緹鮮奶油倒在模型中，模型的形狀像蘋果的上半部分，冷凍6小時。

青蘋果酒淋面

加熱無色鏡面果膠，然後加入青蘋果酒和開心果綠色素。用手持均質機進行攪拌，理想的使用溫度是30～35℃。

裝飾

用蘋果泥填滿塔底。給香草香緹鮮奶油脫模。用青蘋果酒鏡面製作光滑的外皮。將做好鏡面的香緹鮮奶油放在塔底上，插入1小段香草莢，做成蘋果梗的樣子即可。

度思迷迭香塔TARTE DULCEY ET ROMARIN

約翰娜‧羅克斯Johanna Roques（JoJo&Co蛋糕店JOJO & CO）

位於阿里格爾市場中心處，性價比極高的糕點店

約翰娜是法國Canal+電視臺的記者，但她腦子裡卻只想著糕點，關於糕點店的念頭一直縈繞在她腦海，最終她開始為自己的構想尋找一個適合的地點。阿里格爾市場？比起糕點店林立的瑪律蒂爾街來說，也許這裡不是很有名，但仍不失為一個恰當的選擇。於是JoJo&Co蛋糕店在阿里格爾市場中心處誕生了。店裡的招待很熱情，友好又親民。約翰娜是度思巧克力的狂熱愛好者，她想用這種巧克力製作一款塔，於是她很快開始思考如何平衡巧克力過度的甜味。無糖的打發鮮奶油是不錯的選擇，迷迭香的味道也能起到平衡的作用，夏威夷豆將您從迷迭香的氣味中吸引過來，它是那麼的美味。塔底烤得比較焦，就是要讓一環又一環的度思塔帶出一種焦糖餅乾的獨特味道。

分量：10人份　**準備時間**：1小時30分鐘　**製作時間**：15分鐘　**靜置時間**：12小時

材料

榛果沙布列塔底
榛果粉7.5克
杏仁粉7.5克
糖粉45克
麵粉115克
鹽1克
奶油60克
雞蛋25克

度思甘納許（Ganache）
牛奶17.5克
鮮奶油125克
法芙娜Dulecy專業可調溫

巧克力250克

迷迭香香緹鮮奶油
鮮奶油125克
新鮮的迷迭香10克
馬斯卡邦起司15克
糖粉1大匙

焦糖夏威夷豆
水25克
白砂糖50克
夏威夷豆50克
鹽之花1小撮

作法

榛果沙布列塔底
將冷的奶油切成小塊。在攪拌機的攪拌缸中混合乾性配料和奶油，攪拌後加入雞蛋。當混合物呈麵團狀時，取出麵團，放在工作臺上，用手掌揉搓，這樣可以讓配料充分混合。將混合物重新揉回麵團狀，包上保鮮膜，冷藏1小時。將麵團擀成一些直徑8公分的麵皮，將麵皮放入塔圈中，將烘焙重石壓在塔底上。放入烤箱，以180℃烤15分鐘。

度思甘納許（Ganache）
混合加熱牛奶和鮮奶油至沸騰，沖入Dulecy巧克力上，放置幾秒鐘後，用手持均質機進行攪拌，冷藏12小時。

迷迭香香緹鮮奶油
混合加熱鮮奶油和迷迭香至沸騰，靜置幾分鐘後將混合物倒入保鮮盒中，包上保鮮膜。讓迷迭香鮮奶油冷卻12小時後，用電動打蛋器打散馬斯卡邦起司和鮮奶油混合，使用打蛋器打發，並加入糖粉，做成迷迭香香緹鮮奶油醬。

焦糖夏威夷豆
混合加熱白砂糖和水至118℃。加入夏威夷豆：夏威夷豆裹上焦糖後，將其放在矽膠墊上，撒上鹽花。

裝飾
在烤箱中加熱Dulecy甘納許，將熱的甘納許澆在塔底上。將迷迭香香緹鮮奶油倒入裝有擠花嘴的擠花袋中。在Dulecy甘納許上方擠出一個香緹鮮奶油球，疊上一顆焦糖夏威夷豆，最後點綴一些迷迭香即可。

Chapter 3

蛋糕類

黑醋栗黃檸檬乳酪蛋糕
CHEESECAKE CASSIS ET CITRON JAUNE
尼古拉斯・巴仕耶爾Nicolas Bacheyre（巴黎週日蛋糕店UN DIMANCHE À PARIS）

製作出一款如此美味卻不太美觀的蛋糕，真令人感到遺憾！

剛去美國的那一年，尼古拉斯・巴仕耶爾的烘焙事業並沒有什麼進步，對他來說，吃乳酪蛋糕是不可能的事。那些長毛的乳酪和反烘焙傳統的製作方法都讓他對美國的乳酪蛋糕望之卻步。直到有一天，他打破了自己的禁忌，這是非常重要的一刻。如今，在美國的2年時光成了他最美好的回憶，回憶中還有那美味的胡蘿蔔蛋糕。回到法國後，他感嘆「製作出一款如此美味卻不太美觀的蛋糕，真令人感到遺憾！」。他一直暢想著能製作有自己風格的乳酪蛋糕，正宗又美味、優雅又勻稱。他用法式黑醋栗果泥來代替傳統的紅果果醬，加入優酪乳，帶來適宜的酸度。他希望自己製作的蛋糕在入口時就給人帶來軟乳酪和黑醋栗果醬的香味。他們的味道互不相容，分層的甜味和果香在口中不同的部位回盪，之後留下綿長柔軟的口感，接著品嘗到的是酥脆的餅乾、黑醋栗水果覆蓋的外皮和白巧克力製作的美味腰封。

分量：8塊　　**準備時間**：2小時30分鐘　　**製作時間**：20分鐘　　**靜置、冷藏時間**：17小時

材料

香草熱那亞（Gênes）蛋糕
杏仁膏84克（含量66%）
白砂糖15克
雞蛋94克
米粉27克
泡打粉1克
無鹽奶油25克
香草莢0.5根

糖漬黑醋栗
黑醋栗果泥165克
冷凍黑醋栗270克
白砂糖16克／34克
NH果膠6克

檸檬乳酪蛋糕糊
吉利丁粉5克

水30克／20克
奶油乳酪（法國鐵塔牌）175克
白砂糖35克／65克
蛋黃35克／40克
動物性鮮奶油260克
黃檸檬皮碎10克

餅乾
無鹽奶油130克
紅糖130克
精鹽1.5克
杏仁粉32克
榛果粉97克
米粉110克
可可脂20克
白巧克力75克

黑醋栗鏡面
黑醋栗果泥65克
葡萄糖漿38克
鏡面果膠540克
水310克
NH果膠粉9克
白砂糖47克
紅色素適量
藍色素適量

組合與完成
白巧克力適量
新鮮黑醋栗適量
裝飾用香草或花朵適量

作法

香草熱那亞（Gênes）蛋糕

將杏仁膏和砂糖一同放入電動攪拌機的攪拌缸中，使用槳狀攪拌杆中速攪拌，直至砂糖完全融化。加入1/3的雞蛋蛋液，繼續攪拌，當雞蛋完全滲入混合物後換上球狀攪拌棒。逐步加入剩下的雞蛋，中速攪打直至打出帶狀紋路。小提醒：用刮刀刮起混合物時，混合物應該呈帶狀垂下。取出球狀的攪拌器後，可繼續使用刮刀進行攪拌，直至達到理想的狀態。加入米粉和過篩的泡打粉攪拌，以最大限度地保留麵糊中的空氣，這樣做出的蛋糕口感更好。融化無鹽奶油，並加入去籽的香草莢，充分混合。將混合物倒在鋪有烘焙紙的烤盤上，要用方形的不銹鋼模具控制麵糊的形狀，防止麵糊在烘焙過程中流動、變形。將麵糊放入烤箱，將溫度調至170℃，烤10分鐘。一旦烘焙時間到，立即取出烤好的熱那亞（Gênes）蛋糕，冷凍保存，為後面的步驟做準備。

糖漬黑醋栗

在小鍋中倒入黑醋栗果泥、冷凍過的黑醋栗和16克白砂糖。當溫度達到60℃以後，將34克白砂糖、NH果膠混合好，再倒入混合物中，持續攪拌至沸騰。立即將沸騰的混合物澆在吉涅司（Gênes）蛋糕上，再塗抹均勻。將蛋糕放入冰箱冷凍至少4小時。取出後，用直徑5公分的圓形切模定型，再將蛋糕重新放入冰箱冷凍，直至裝飾的步驟。

檸檬乳酪蛋糕糊

將吉利丁粉泡入30克水中。在不銹鋼盆中混合奶油乳酪、35克白砂糖和35克蛋黃，用打蛋器攪拌均勻。將混合物倒入烤盤中。將烤箱溫度調至90℃，烤40分鐘。烤好後包上保鮮膜，放入冰箱冷藏至少4小時。製作炸彈麵糊，在平底鍋中混合加熱65克白砂糖和20克水，加熱至120℃。同時，使用打蛋器中速攪打40克蛋黃。提前將吉利丁在烤箱或微波爐中加熱，使其徹底融化，將吉利丁倒入蛋液中，高速攪打2～3分鐘。將蛋糕底和奶油乳酪放入不銹鋼盆中，大力攪拌，使混合物不再有結塊。在混合物中加入炸彈麵糊，小心地攪拌。在電動攪拌機的攪拌缸中打發鮮奶油，直至其變得柔軟、順滑。將所有材料混合起來，最後加入黃檸檬皮碎。將乳酪蛋糕糊倒入擠花袋，再擠入專業的半圓形矽膠模具中，擠至模型的1/3處即可。在中間夾入1層黑醋栗果醬，再用乳酪蛋糕糊填滿模具，放入冰箱冷凍6小時。

餅乾

將無鹽奶油、紅糖和精鹽倒入電動攪拌機的攪拌缸中，使用槳狀攪拌器慢速攪拌。逐漸加入杏仁粉和榛果粉，最後加入米粉，小心攪拌，使麵糊保持一定的鬆軟度。倒出麵糊，將麵糊在烘焙紙上鋪開，厚度約為0.5公分，放入烤箱中烤，在180℃的溫度下烤10分鐘。使其自然冷卻後，將烤好的餅乾放入冰箱冷藏1小時。取出後，將餅乾搓成不規則的小塊。融化可可脂和白巧克力，再與餅乾碎充分混合。立即將餅乾碎在烘焙紙上攤開，厚度約為0.3公分，使用切模將餅乾壓成直徑5公分的圓形，將圓形的餅乾放入冰箱冷藏1小時。

黑醋栗淋面

在平底鍋中混合加熱黑醋栗果醬、葡萄糖漿、鏡面果膠和水，直至溫度達到50℃。倒入NH果膠粉和白砂糖，持續攪拌至混合物沸騰。加入色素，使混合物自然冷卻至室溫，混合物的使用溫度是35～40℃。

組合與完成

將乳酪蛋糕脫模並放在烤架上，每塊蛋糕中間隔開一定的位置。將鏡面淋醬澆在乳酪蛋糕上，用一把小刮刀去除多餘的鏡面淋醬。將竹籤插入蛋糕中間，把蛋糕紮起來，放在圓形餅乾上。將大金屬盤放入冰箱冷凍，再將融化的白巧克力（40～45℃）倒在盤子上，製作出帶狀巧克力。將巧克力直接圍在小蛋糕的周圍，最後用新鮮的黑醋栗和一些香草或花朵來裝飾。

草莓香吻蛋糕CAKE À LA FRAISE

尼古拉斯·貝爾納爾德Nicolas Bernardé

「香吻蛋糕：像親吻一樣溫柔的蛋糕」

尼古拉斯·貝爾納爾德的父親是一位麵包師傅，尼古拉斯曾猶豫是要做一位玻璃藝術家還是做一名烘焙師。最終他選擇了烘焙，而將製作玻璃作為業餘愛好。烘焙中吹糖和做焦糖的某些步驟多少和製作玻璃也有些相似之處。如果他曾繼續自己的玻璃藝術事業，他在烘焙領域得到的法國最佳工藝獎（M.O.F），在玻璃製作領域也會拿到。那麼他的蛋糕呢？他每天都沉浸在烘焙的世界中，早晨、中午品嘗甜點，晚上就想開一家甜點店。他的第一種甜點作品是果醬蛋糕，然後是他祖母常做的一種香料麵包。他不滿足於平庸的茶點，在烘焙界找到了自己的道路和風格。他稱自己的作品為「香吻蛋糕」，因為他製作的蛋糕像吻一樣溫柔又香甜。他還創新地製作了其他蛋糕，如木柴蛋糕、箱子蛋糕、愛的蛋糕……在甜點製作中，蛋糕是永恆的主題，扮演著多種角色。

分量：4 人份　　**準備時間：**1 小時　　**製作時間：**35 分鐘

材料

吉涅斯（Gênes）餅皮	檸檬皮碎4克	草莓醬汁
雞蛋300克（約6個）	澄清奶油125克	草莓果泥400克
白砂糖50克／30克	米粉30克	白砂糖150克
杏仁膏300克	泡打粉5克	海藻膠6克
精鹽3克	蛋白150克	三仙膠3克

作法

吉涅斯（Gênes）餅皮

混合雞蛋、50克白砂糖、杏仁膏、鹽和檸檬皮碎，隔水加熱至55℃，攪拌至打發，混合物從攪拌棒上呈帶狀流下，不間斷即可。將混合物分為2份。加熱奶油至50℃，用刮刀將奶油加入到其中一份混合物中。將米粉和泡打粉過篩，將其倒入另一份混合物中。打發蛋白，加入30克白砂糖繼續攪打，直至乾性發泡蛋白可呈現鳥嘴的形狀。將這3份混合物倒在1個容器中，小心地攪拌。將製作餅底的麵糊倒在直徑為16公分的圓形模具中。將烤箱溫度調至180℃，將麵糊放入烤箱烤10分鐘後，烤箱溫度下調至160℃，繼續烤25分鐘。

草莓醬汁

在小鍋中加熱草莓果泥，混合白砂糖、海藻膠和三仙膠。將一點草莓醬汁放入茶碟中，等待十幾秒後將茶碟立起來，如果草莓醬汁還能黏在上面，就表示已經做好了。倒出草莓醬，包上保鮮膜保存。

裝飾

在吉涅斯（Gênes）餅底中間切出一個圓形，用帶有擠花嘴的擠花袋將草莓醬擠入圓形中，將蛋糕放入冰箱冷藏，讓草莓醬凝固。

婚禮蛋糕WEDDING CAKE

喬納森・布洛特Jonathan Blot（酸味馬卡龍甜點店ACIDE MACARON）

「我們這些烘焙師花很多時間製作的蛋糕，最後可能就擺在冷冰冰的玻璃櫃裡。這就像藝術家創作出驚豔的畫作，卻把它掛在一所廢棄的房子裡一樣。」布洛特的蛋糕總是現做的，回家時，在蛋糕變形之前就把它們吃掉。他做蛋糕似乎是因為他沉醉於吃蛋糕的感覺。「酸味甜點店」讓顧客興奮又沉醉。主廚會突破固有的思維，創作出經典調味的甜品，各種味道達到驚人的和諧。不同香料或醬料的運用像給甜點安上了助推器。這款婚禮蛋糕充滿樂趣和節日氣氛，焦糖和香料的完美配合，還有咖啡與芒果的和諧搭配……

分量：4人份　**準備時間：**2小時　**製作時間：**22分鐘　**靜置時間：**4小時30分鐘

材料

香料軟化餅乾
（Spéculoos）
奶油 50克
紅砂糖50克
白砂糖15克
鹽0.5克、牛奶10克
蛋黃10克、麵粉100克
泡打粉3克
香料餅乾專用香料2.5克

咖啡巴伐利亞奶油醬
吉利丁片3.6克

水150克
衣索比亞研磨咖啡粉
20克
奶粉43.2克
白砂糖45克
可可脂70克
動物性鮮奶油216克

拉瓦尼餅乾
蛋黃90克
白砂糖75克／30克
蛋白135克

法國T55麵粉60克
小麥粗粉105克

咖啡潘趣（punch）
水1250克、綠豆蔻3克
衣索比亞研磨咖啡粉
150克

焦糖淋面
吉利丁片5克
白砂糖200克
鮮奶油150克
水150克／25克

馬鈴薯澱粉13克
法芙娜Ivoire白巧克力
100克

咖啡餡
吉利丁片3克
衣索比亞研磨咖啡粉
42.4克
礦泉水288克
糖蜜48克

作法

月桂餅乾
混合奶油、白砂糖、紅砂糖、鹽和牛奶，加入蛋黃和其他粉類，包上保鮮膜，在陰涼處放置30分鐘。用擀麵棍將麵團擀成厚度0.3公分的麵皮，用切模切出直徑7公分的圓環。將烤箱溫度調至165℃，烤14分鐘。

咖啡巴伐利亞奶油醬
將吉利丁泡入冷水中。將食譜中的水加熱到90℃，和咖啡粉混合，浸泡6分鐘後過濾，再和奶粉、白砂糖混合，加熱至沸騰。將混合物沖入可可脂上，使用手持均質機攪拌，使混合物乳化，加入吉利丁並混合。將鮮奶油放入電動打蛋器，攪打至柔軟，用刮刀將打發的鮮奶油加入到溫度約為30℃的咖啡奶油醬中。

拉瓦尼餅乾
隔水加熱蛋黃和75克白砂糖，溫度要達到55℃。用打蛋器攪拌。打發蛋黃從打蛋器上呈帶狀流下，不間斷，即表示已經打好。混合蛋白和30克白砂糖，打到硬性發泡。將麵粉和小麥粗粉過篩，倒入蛋黃和白砂糖混合物中，然後再加入蛋白和白砂糖混合物。將做好的麵糊倒在鋪有烘焙紙的烤盤上，在烤箱中以180℃的溫度烤8分鐘。

咖啡潘趣（punch）
混合碎的綠豆蔻和水，加熱至沸騰，澆在磨好的咖啡粉上，浸泡10分鐘，然後過濾咖啡，綠豆蔻咖啡的使用溫度是35℃。

焦糖淋面
將吉利丁浸泡在水中泡軟後，擠乾水分。將白砂糖倒入小鍋中，大火加熱，煮好焦糖。當糖的顏色變成漂亮的棕褐色，立即加入事先加熱到80℃的奶油和150克的水。加入提前混合好的馬鈴薯澱粉和25克的水，加熱至沸騰後沖在巧克力上，混合攪拌。在60℃的溫度左右，加入吉利丁混合均勻。

咖啡餡
將吉利丁泡入冷水中。將咖啡和礦泉水混合，冷藏15分鐘後過濾。加熱咖啡液並加入糖蜜、吉利丁，倒入直徑4公分的矽膠模型中，冷凍。

裝飾
取3個高度為25公分的圓形模型，直徑分別為70、45和25公分。在圓形模型內部塗上咖啡鮮奶油凍，放入拉瓦尼餅乾並擠上咖啡餡，冷凍4小時後脫模。將不同大小的糕點疊放在一起，用22℃的焦糖鏡面淋醬做鏡面。直接將疊好的點心放在香料餅乾上，建議搭配綠荳蔻咖啡享用。

夢幻甜心TITOU

菲力浦・柯帝士尼Philippe Conticini

蛋糕的調味高於一切

就像菲力浦・柯帝士尼經常説的那樣,他的蛋糕就像柔軟的撫摸,浸透人心。事實上,甜心是她妻子的外號,夢幻甜心這款甜點就是一種溫柔的愛撫。品嘗它總喚起我們從前的記憶。美味的蛋糕、泡沫感豐富的奶油(與蛋黃醬有些相似)輕撫你的內心。鹽之花的味道緊隨其後,香草的芬芳撲面而來……蛋糕的外形是一個巨大的桃心,他代表菲力浦・柯帝士尼對愛的理解。愛是溫柔的、豐滿的、給人安全感又令人舒適的。甜心一入口,就帶來無與倫比的美味享受,芒果的味道綿長,帶來濃郁的風味,餅底酥脆,整體柔滑,37℃的體溫可以融化這甜心的全部。揉合了所有的味道,芒果百香果果泥的香味融入餅底,餅底的香味又纏繞著慕斯……只有經過數年的嘗試才能達到這甜點的極致。

分量:7 ～ 8 人份　　**準備時間:** 2 小時　　**製作時間:** 16 分鐘　　**冷藏時間:** 10 小時

材料

芒果百香果果泥
芒果果泥58克
百香果果泥40克
綠檸檬汁17克
葡萄糖漿7.5克
白砂糖15克／3克
NH果膠粉0.7克

百香果脆片
杏仁粒(烤過)50克
糖粉6克
白巧克力30克
奶油(軟化)3克
鹽之花1小撮
薄脆餅(feuilletine)17克
百香果18克
香草粉2.5克
香草莢0.5根

榛果餅乾
生榛果粉50克

濃縮蘋果汁60克／17克
蘋果醬5.6克
蛋白15克／60克
蛋黃25克
馬達加斯加波本香草莢1.5克
鹽之花2小撮
玉米粉15克
糯米4克
栗子粉9克
無麩質泡打粉3.5克
椰子油40克

糖漬橙皮
柳橙汁65克
白砂糖40克
橙皮26克(1個橘子的量)

香草椰子慕斯沙巴雍(sabayon)
蛋黃醬
水40克
蛋黃40克

脫脂奶粉13克
葡萄糖漿8.5克

慕斯奶油醬
吉利丁片2片
椰奶36克
半脫脂牛奶36克
香草莢15克
蛋黃26克
白巧克力110克
鹽之花1小撮
椰子香精2.5克
沙巴雍80克

白絲絨淋面
可可脂80克
天然食用油80克
白巧克力330克
鈦白粉10克

裝飾
蛋糕噴色粉適量

作法

芒果百香果果泥

在小鍋中混合加熱芒果果泥、百香果果肉、綠檸檬汁、葡萄糖漿和15克白砂糖至30℃。混合果膠粉和3克白砂糖，倒入步驟1中，用打蛋器攪拌均勻，加熱至沸騰。烤盤包上保鮮膜，放一個大小為15×20公分大小的長方形烤模。將115克的果泥倒入模型中，倒至1/4處即可，放入冰箱冷藏1小時，再冷凍3小時。冷凍好後用一個比剛才的模型短0.8公分的切模塑形，塑形後立即去除多餘的部分，馬上將果泥放入冰箱冷凍，第一種填餡就做好了。

百香果脆片

將杏仁和白砂糖放入食物調理機中攪碎，混合融化的白巧克力、軟化的奶油、鹽之花、薄脆餅、百香果、香草粉和0.5根香草莢中的香草籽。在鋪有烘焙紙的烤盤上，將115克的脆片糊擀成大小為15×20公分、厚0.4公分的長方形，可以用長方形模具幫助塑形放入，冰箱冷凍至少1小時。

榛果餅乾

在沙拉盆中混合製作榛子餅乾的前11種配料，充分攪拌30秒，加入融化的椰子奶油。打發60克蛋白，蛋白打發後加入17克濃縮蘋果汁，用刮刀將蛋白和蘋果醬倒入前一步驟中。將餅乾糊倒在大小為15×20公分的長方形模型中，抹開。烤箱預熱160℃，烤16分鐘。取出後，撒上冷凍好的薄脆片，薄脆片融化後會黏在餅乾上。當餅乾放涼了，再將其放入冰箱冷凍幾分鐘，讓脆片變硬，將餅乾切成7.5×10公分大小。

糖漬橙皮

將柳丁洗淨，用削皮器去皮，橙皮上儘量不要黏著白色的筋膜，筋膜會有苦味。將水倒入小鍋中，倒到一半的位置，放入橙皮，加熱至沸騰。用濾網過濾橙皮和水，僅留下橙皮，將以

上步驟重複2遍。在小鍋中混合加熱橙皮、橙汁和白砂糖，中火加熱40～45分鐘，當橙汁濃縮（只剩下幾勺橙汁的量），就將混合物放入榨汁機中。將30克榨好的糖漬橙皮鋪在脆片餅乾上。

香草椰子慕斯沙巴雍（sabayon）

沙巴雍

將所有配料放入電動打蛋器的攪拌槽中。將混合物隔水加熱到60℃，用打蛋器打發，直至混合物完全變冷。

慕斯奶油醬

將吉利丁放入冷水中泡軟。混合加熱椰奶、半脫脂牛奶和香草籽至沸騰，將熱液澆在蛋黃上，充分混合後，將混合物倒入小鍋中，繼續加熱並攪拌，直至溫度達到83℃。將混合物澆在白巧克力和吉利丁上，加入鹽之花，用打蛋器攪拌3秒鐘，加入椰子香精，讓混合物冷卻至21℃。最後再用刮刀加入炸彈麵糊和打發的鮮奶油。

白絲絨淋面

隔水加熱以60℃的溫度融化所有配料，用攪拌棒攪拌。

裝飾

將慕斯鮮奶油醬倒入心形模型，模型高5公分，長寬為14.2×13.7公分。放上1片芒果百香果填餡，輕輕壓一下，讓填餡和奶油醬充分貼合。在上面倒上150克的慕斯鮮奶油醬，再蓋上1片芒果百香果填餡，擠上少量慕斯鮮奶油醬。放上脆片榛子餅乾，壓一下，將奶油擠到餅乾周圍。用抹刀修整，去除多餘的奶油。將甜點放入冰箱冷凍大約6小時，取出後脫模，用噴槍將白絲絨裝飾在甜點上。最後將棕色色粉撒一些在甜點上，再等待6小時就可以品嘗了。

月色秋聲ÉQUINOXE

西瑞爾·利尼亞克、貝努瓦·科沃朗Cyril Lignac Et Benoît Couvrand
（烘焙之家LA PÂTISSERIE）

風格明顯的蛋糕，來自於一位烘焙師和烹飪家

西瑞爾·利尼亞克一定是想製作一款有關秋天、有關月亮的蛋糕。蛋糕的口味和顏色（覆盆子的紅色、檸檬的黃色）完美融合，而最終的「月色秋聲」外觀是灰色的。這是西瑞爾·利尼亞克鍾愛的作品，代表了他揉合傳統（香草、焦糖、脆餅乾）與現代（灰色噴粉）的烘焙風格。如果顏色吊起了您的胃口，味道則會讓您放下心來，正是這樣的反差令他著迷。紅色的小氣泡更像是來自一位烹飪家的創作。入口就令人沉醉，打發的甘納許綿長又柔軟，香草新鮮、濃郁，鹹味的焦糖輕撫味蕾，餅乾的味道回盪在口中。在各元素的衝撞中，奇妙的化學反應帶來了故事和美味。

分量：4 人份　**準備時間**：2 小時　**製作時間**：20 分鐘　**靜置時間**：約 26 小時

材料

甜塔皮
奶油10克
杏仁粉4克
馬鈴薯粉63克
鹽0.2克
糖粉10克
雞蛋6克
麵粉20克

帕林內與比利時脆餅乾
烤好的甜塔皮30克
比利時脆餅乾碎30克
帕林內25克（油脂含量60%）
可可脂8克

焦糖鮮奶油霜
吉利丁粉1克
水6克（泡吉利丁粉用）
白砂糖40克
水10克
香草莢1根
動物性鮮奶油15克／60克
蛋黃30克

打發的香草甘納許（Ganache）
吉利丁粉5克
水30克（泡吉利丁粉用）
鮮奶油620克
香草莢3根

Ivoire白巧克力140克
香草精2克

灰絲絨
Ivoire白巧克力80克
可可脂100克
黑色色素0.3克

紅色淋面
吉利丁粉3克
水20克（泡吉利丁粉用）
鏡面果膠80克
紅色素0.3克

作法

烤塔皮

將奶油倒入攪拌機中打軟，混合杏仁粉、玉米粉、鹽和糖粉，再加入雞蛋和麵粉，持續攪拌均勻後，壓成圓扁狀，包上保鮮膜，將麵團冷藏1小時。在烘焙紙上擀開麵團，放入烤箱，以175℃的溫度烤20分鐘。

帕林內與比利時脆餅乾

將烤好的甜塔皮壓碎，和碎餅乾混合在一起，加入帕林內和融化的可可脂，充分混合。將混合物倒在直徑14公分的環形模具中，冷藏直至混合物變硬。

焦糖奶油霜

吉利丁粉和水混合，放在鍋子內以小火煮溶化，備用。將白砂糖和水放入小鍋中，加熱至開始變成焦糖色。將香草莢挖出香草籽，連同香草莢一起放入15克鮮奶油中加熱浸泡10分鐘，加入剩下的60克鮮奶油。混合蛋黃和焦糖，像製作英式蛋黃醬一樣烹煮，加入融化的吉利丁。將混合物倒入直徑14公分的圓形模型中，急速冷凍。

打發的香草甘納許（Ganache）

將吉利丁粉在冷水中浸泡20分鐘，溶解。取一半的鮮奶油，加入香草莢，挖出香草籽，一起泡十幾分鐘，過濾後倒入吉利丁液，混合，備用。煮沸另一半鮮奶油，沖入白巧克力中，並加入香草精，充分混合後，再加入剛剛的鮮奶油。冷藏12小時後用電動攪拌機打發。

灰絲絨

隔水加熱融化巧克力和可可脂。一點一點加入黑色素，混合均勻，在陰涼處保存，備用。

紅色淋面

將吉利丁粉在冷水中溶解至少20分鐘。加熱鏡面果膠，加入吉利丁液，再加入色素，放陰涼處保存。

裝飾

將帕林內與比利時脆餅乾放在直徑16公分、高4公分的圓形模型中，模型底部鋪上烘焙用紙。擠上第1層香草甘納許，用抹刀在邊緣處多抹一些。加入焦糖奶油霜，在奶油霜上再蓋1層香草甘納許，用抹刀將甘納許表面修整光滑。冷凍至少12小時，取出後脫模，取下烘焙用紙。重新加熱紅色淋面至25℃。將紅色淋面裝入擠花袋中，並擠出像氣泡一樣的紅色小點即可。

「光與暗」口紅蛋糕LIPSTICK CLAIR-OBSCUR

克雷爾‧達蒙CLAIRE DEMON（蛋糕與麵包烘焙坊DES GÂTEAUX ET DU PAIN）

「不管生活是否充滿壓力，覆盆子總會到來的」

克雷爾‧達蒙的內心是個像聶魯達一樣的詩人。她替換水果的頻率就像給日曆翻頁一樣快。在心情莫名躁動時，她會想想這美麗的季節，呢喃著，並平靜下來，「不管怎麼說，覆盆子總會到來的。」她很重視按時節的變化選擇食材，非常善用各種水果，新品也總是隨著季節和天氣應運而生。她製作的甜點看起來美觀、舒適，不那麼奢華。唯一奢華的地方，就是時節。口紅蛋糕的製作受到服裝設計大師庫雷熱的啟發（他設計了塑膠光面的夾克和亞光連身裙）。甜點的表面有聚氯乙烯材料一般的光澤，底部則是像亞光裙子一般。一口咬下去，杏仁的酥脆立即讓人讚歎，然後湧現粗紅糖和杏仁奶油慕斯的味道，緊接著是法式烤布蕾和黎巴嫩柑橘花的清甜。在衣索比亞咖啡的微酸之後，所有的味道在嘴裡融合，冷和熱，酥脆與綿軟、卡士達醬、香緹奶油和焦糖布丁……只有品嘗，才能理解它的美味。

分量：8人份（2塊4人份）　準備時間：2小時30分鐘　製作時間：32分鐘　靜置時間：20小時

材料

咖啡卡士達醬
牛奶130克
蛋黃20克
白砂糖1小撮
玉米粉10克
奶油（軟化）1小塊（約5克）
衣索比亞咖啡12克

咖啡法式奶油霜
牛奶30克
衣索比亞咖啡粉4克
蛋黃180克
白砂糖25克／35克
水15克
蛋白25克
奶油（軟化）130克

衣索比亞咖啡慕斯林醬
法式奶油霜250克
咖啡卡士達醬90克

赤砂糖薄脆
高油脂奶油70克
紅砂糖70克

杏仁碎50克
法國T45麵粉20克
鹽之花1小撮

杏仁奶油醬
奶油40克
糖粉40克
杏仁粉40克
雞蛋30克
咖啡卡士達醬16克
牛奶6克
紅砂糖薄脆（烤熟）180克

指型餅乾
蛋白40克
白砂糖30克
蛋黃25克
玉米粉16克
T45麵粉16克
義式濃咖啡1杯（用來刷溼餅乾）

橙花烤布蕾
吉利丁片1片
牛奶70克

鮮奶油100克
蛋黃40克
白砂糖25克
柑橘花水10克

衣索比亞咖啡香緹奶油
吉利丁片1片
鮮奶油80克／160克
咖啡粉20克
白砂糖40克

咖啡淋面
吉利丁片0.5片
鮮奶油85克
法芙娜Ivoire白巧克力140克
衣索比亞西達摩咖啡 15克
鏡面果膠60克

白巧克力淋面
吉利丁0.5片
鮮奶油85克
法芙娜Ivoire白巧克力140克
鏡面果膠60克

DES GATEAUX ET DU PAIN

作法

咖啡卡士達醬

加熱牛奶至沸騰。混合打發蛋黃、白砂糖、玉米粉。並將熱牛奶倒入一半混合。再將混合物倒回牛奶鍋中用繼續煮,用刮刀充分攪拌。沸騰後,加入軟化奶油醬,做成卡士達醬。取出20克卡士達醬,用於製作法式奶油霜。在剩餘的卡士達醬中倒入咖啡,使用手持均質機攪拌均勻,冷藏保存。

咖啡法式奶油霜

製作英式蛋奶醬:將牛奶和咖啡倒入小鍋中加熱至沸騰。混合蛋黃和25克白砂糖。牛奶沸騰後,立即澆在蛋黃和白砂糖的混合物上,混合攪拌。重新將混合物倒入小鍋中加熱,過程中要不停攪動。當英式蛋奶醬溫度達到85℃時,將其倒入碗中,停止加熱。使用手持均質機攪打蛋奶醬,倒入深盤中使其冷卻,在陰涼處保存。製作義式蛋白霜:將水和35克白砂糖倒入小鍋中,加熱到110℃時,將

蛋白倒入電動攪拌機中攪拌。當糖漿溫度達到121℃時，倒入攪拌缸中繼續攪拌，直至混合物變溫，放置待用。將法式奶油霜倒入電動攪拌機中，先加入冷卻的英式蛋奶醬，再加入義式蛋白霜，持續攪拌直至均勻，加入咖啡卡士達醬，將混合物倒入深盤中，包上保鮮膜，在陰涼處保存。

衣索比亞咖啡慕斯林醬
在電動攪拌機中混合咖啡法式奶油霜和咖啡卡士達醬，持續攪拌，一旦混合物變得柔滑、均勻，就將其取出，倒入沙拉盆中。

紅砂糖薄脆
將奶油和糖倒入電動攪拌機中，使用槳狀攪拌器進行攪拌，加入剩下的配料。混合物變軟後，放在2張烘焙紙之間擀開，取出後放在烤盤上，放入烤箱以160℃的溫度烤17分鐘。將烤好的薄脆取出，用2個直徑14公分的圓形模具壓出2塊圓形薄脆。

杏仁奶油醬
在帶有槳狀攪拌棒的電動攪拌機中攪拌奶油，直至呈現膏狀。加入杏仁粉，再加入雞蛋和糖粉、牛奶、紅砂糖薄脆，之後加入卡士達醬全部混合。將杏仁奶油醬抹在紅砂糖薄脆上，再次放入烤箱，在180℃的溫度下烤10分鐘。

餅乾底
在電動打蛋器中打發蛋白，分次加入白砂糖，打發後停止。蛋黃攪打1分鐘後，將過篩的玉米粉和麵粉加入到攪拌槽中。將混合物放在有洞並鋪上烤紙的烤盤上，放入烤箱，以190℃的溫度烤4～5分鐘。

橙花烤布蕾
將吉利丁片浸入冷水中，泡軟，擰乾水分。製作英式蛋奶醬：在小鍋中混合加熱牛奶和鮮奶油。混合攪打蛋黃和糖至其發白。將熱的牛奶和鮮奶油混合物澆在蛋黃和糖的混合物上面，繼續攪拌。將所有混合物倒入小鍋中小火加熱，過程中要不停攪動，直至混合物達到82℃。加入吉利丁，再加入萃取的柑橘花水。分別將120克的混合物倒入2個直徑為14公分的圓形矽膠模型中，冷凍至少6小時。

衣索比亞咖啡香緹奶油
將吉利丁片浸入冷水中，泡軟，擰乾水分。加熱80克鮮奶油，2分鐘後加入咖啡粉，過濾，計算好鮮奶油的量。加入吉利丁，再加入冷的100克鮮奶油，冷藏保存。大約12小時後，取出鮮奶油，打發時加入白砂糖，冷藏保存。

咖啡淋面
將吉利丁浸入冷水中，泡軟，擰乾水分，泡軟，擰乾水分。加熱鮮奶油至沸騰，離火後加入吉利丁。將鮮奶油澆在巧克力上，加入咖啡，用刮刀攪拌。將鏡面果膠加熱至70～80℃，混合加入，攪拌後過濾，充分混合。咖啡淋面的最佳使用溫度是35℃。

白巧克力淋面
步驟與製作咖啡淋面相同，只是不加咖啡。

裝飾
將慕斯林醬從冰箱中取出，使用電動攪拌機攪打，使其變得柔軟。將慕斯林醬倒入裝有擠花嘴的擠花袋中。在高2公分、直徑16公分的圓形模型中擠滿慕斯林醬在圓周，放上脆餅乾，再擠上一層慕斯林醬。放上橙花烤布蕾片，壓緊。用慕斯林醬再抹一遍，讓表面變得光滑，放入冰箱冷凍6小時。製作蛋糕的另一部分：把咖啡香緹鮮奶油，擠入直徑16公分的模具中，倒至一半深度。用義式濃咖啡刷溼手指餅乾。將餅乾填進香緹鮮奶油中。繼續擠入香緹鮮奶油，直至與模具同高。用彎型抹刀抹平，放入冰箱，冷凍至少2小時。給咖啡慕斯林慕斯脫模，將咖啡淋面淋在冷凍慕斯林慕斯上，放入盤中。給香緹鮮奶油慕斯脫模，將白巧克力淋面淋在香緹慕斯上，並將白巧克力慕斯放在慕斯林慕斯上。等待6小時，蛋糕解凍後即可品嚐。

蘭姆芭芭蛋糕ALI BABA

塞巴斯蒂安‧德卡爾丹Sébastien Dégaroin

「我什麼都沒創造，只是稍加創新而已」

塞巴斯蒂安‧德卡爾丹就是那麼單純地熱愛烘焙，與他是否從事這個行業無關。他非常謙虛，認為烘焙領域近年的系列創作主要都是泡芙和千層這樣的經典之作。與之相比，他的嘗試更加多樣，反其道而行。他製作的糕點總是帶來出人意料的美味，他會根據不同需求製作適合不同場合的糕點。如果是一時興起，就來個蘋果塔或是巧克力閃電泡芙；如果是朋友之間的聚會，來幾種不同的經典蛋糕；如果是週末的家庭聚會，就一起分享一個大的巴黎沛斯特或聖‧特諾黑蛋糕。塞巴斯蒂安的芭芭蛋糕非常獨特，看起來豐盈又靈動。義大利式香草蛋黃醬作底，泛起陣陣柑橘香，香草味浸透了蛋糕，帶來極致的綿柔口感。一小管蘭姆酒，香味一絲一絲滲透其中。

分量：10 個　　**準備時間：**1 小時 30 分鐘　　**製作時間：**26 分鐘　　**冷藏時間／靜置時間：**31 小時

材料

芭芭麵團
伊茲密爾黑葡萄乾20克
（或一般黑葡萄乾）
乾酵母20克
全麥／低筋麵粉20克
起酥油62克
白砂糖10克
鹽之花5克
雞蛋175克

水100克
奶油（軟化）適量

糖漿
黃檸檬2個
柳丁0.5個
白砂糖750克
香草莢0.5根
水1500克
蘭姆酒適量

香草輕奶油醬
水180克
白砂糖100克
香草莢0.25根
動物性鮮奶油200克
吉利丁片3.5克
蛋黃45克
香草精3.5克

杏仁淋面
杏仁鏡面醬125克
水25克

裝飾
杏仁酒適量
蘭姆酒適量
塑膠小管適量

作法

芭芭麵團

切碎葡萄乾。將乾酵母倒入水中。將麵粉和奶油放入電動攪拌機的攪拌缸中，充分混合後加入糖、鹽，一個一個地加入雞蛋，不停攪拌至均勻、有光澤。然後加入葡萄乾，再攪拌3分鐘。讓麵團在25℃～29℃的溫度間發酵，之後給麵團排氣，將麵團發酵產生的二氧化碳擠出。將麵團裝入帶有擠花嘴的擠花袋中，將麵團擠入抹上奶油的薩瓦蘭模型中。將麵團放在溫度為25℃～30℃左右的環境中，繼續發酵30分鐘，麵團完全發好後放入烤箱，以180℃的溫度烤20分鐘，脫模，將蛋糕放在烤架上，以180℃再烤6分鐘。烤好後，將芭芭蛋糕放在冷的烤架上，在乾燥處放置1晚。

糖漿

用削皮器把檸檬皮和柳丁皮刨下來，加入砂糖與香草莢、香草籽。將除了蘭姆酒以外的所有配料混合加熱至沸騰，包上保鮮膜後，放置24小時。第2天過濾出糖漿，加熱糖漿至沸騰。將芭芭蛋糕浸在糖漿中，完全浸透，放在烤架上，讓多餘的糖漿流下。把蘭姆酒放在管中，插在芭芭蛋糕上。

香草輕鮮奶油醬

連同香草莢一起白砂糖和水煮沸，製作糖漿。將香草莢去籽後，加入鮮奶油中，浸泡至少6小時，冷卻後取出香草莢。用電動打蛋器打發鮮奶直到挺立，放入冰箱冷藏。將吉利丁泡在冰水中泡軟，擰乾水分。混合蛋黃、糖漿和香草精，在微波爐中小功率加熱，過濾。製作炸彈麵糊：在電動打蛋器中打發混合物，混合物顏色要變白，體積變成原來的2倍。隔水加熱融化吉利丁，加入一點打發的鮮奶油，小心攪拌，放置備用。

杏桃淋面

加水融化杏桃鏡面醬，然後加熱至沸騰，放置備用。

裝飾

將用薩瓦蘭模型製作出的芭芭蛋糕倒過來，在表面上澆上杏桃鏡面醬。在小碗裡塗滿香草鮮奶油醬，將芭芭蛋糕蓋在上面。最後，將蘭姆酒倒進塑膠小管裡，再插進蛋糕中即可。

聖特羅佩蛋糕LA TROPÉZIENNE

羅蘭・法吾爾─莫特Laurent Favre-Mot

巴黎的馬賽風情

羅蘭・法吾爾─莫特生於法國南部的瓦爾省，聖特羅佩蛋糕是她永遠的最愛。她融合了2種元素，鮮奶油和布里歐修麵包，帶來輕柔的口感。她十分注重奶油的運用，融合了英式鮮奶油醬、馬斯卡邦、香緹鮮奶油和香草，奶油的甜味很淡，甜味交給布里歐修上的糖粒去完成，一咬下去，糖粒在齒間輕響。整個作品乳香四溢、柔滑、輕盈，還有淡淡的橙花味道，橙花的香味都浸透在布里歐修表面的糖漿中。聖特羅佩蛋糕要用兩隻手拿起來吃，就像吃三明治那樣，口感外脆內柔。冬天配上巧克力牛奶、杏仁鮮奶油醬和焦糖榛果，為寒冷的天氣添一分甜蜜與溫暖。

分量：6～8人份　　**準備時間**：1小時　　**製作時間**：20～30分鐘　　**靜置時間**：12小時

材料

布里歐修麵包
法國T45麵粉350克
鹽8克
白砂糖45克
新鮮酵母12克
雞蛋5個

奶油（常溫）220克
珍珠糖粒適量

女士卡士達醬

卡士達醬
吉利丁片1片
香草莢2根

全脂牛奶250克
蛋黃80克
白砂糖40克
玉米粉15克

打發鮮奶油
動物性鮮奶油200克

作法

布里歐修麵包

將麵粉、鹽、糖、新鮮酵母和4個雞蛋放在電動攪拌機的攪拌缸中，注意打蛋器要選擇帶攪拌勾的。10分鐘後加入切成方塊狀的奶油，拌勻。再7分鐘後將麵團倒在沙拉盆中，包上保鮮膜，在陰涼處保存1晚。第2天，整型麵團，讓其變成球狀，在常溫下發酵2個小時。麵團發起來後，將最後一個雞蛋打散，小心地用刷子將蛋液刷在布里歐修麵團上，撒上珍珠糖粒。以170℃的溫度烤20～30分鐘，取出後放在烤架上冷卻。

女士卡士達醬
卡士達醬

將吉利丁片泡入水中。把香草莢切開，取出香草籽。將香草籽、香草莢和牛奶倒入小鍋中，混合加熱至沸騰。在這期間，將蛋黃倒進沙拉盆中，加入糖和玉米粉，用打蛋器打發至變白。等牛奶沸騰後，迅速倒在前一步驟的混合物上，充分混合。將奶油倒進小鍋中，小火加熱。加熱過程中要不停攪拌，直至卡士達醬變得稠厚。將其倒入深盤中，取出香草莢。包上保鮮膜，在陰涼處放置至少2小時。

打發鮮奶油

將鮮奶油放在電動攪拌機的攪拌缸中，持續打發直至鮮奶油質地變硬，倒入碗中。將冷的卡士達醬放入攪拌缸中。充分攪拌使卡士達醬變得柔滑，混合打發的鮮奶油，拌勻。

裝飾

用帶鋸齒的刀切開布里歐修麵包，變成2塊麵包。將女士卡士達醬倒入帶有擠花嘴的擠花袋中，擠花嘴的直徑約為1公分。用擠花袋在底層的布里歐修上擠出漂亮的奶油圓球，再用1塊布里歐修蓋在上面即可。

小歌劇院蛋糕L 'OPÉRETTE

瑪喬麗・富爾卡德Marjore Fourcade、小戶沙織Saori Odoi
（富爾卡德糕點店FOUCADE）

製作既美味又健康的烘焙品，偶爾還用上天馬行空的想像。

富爾卡德一直希望能夠解決烘焙中健康與美味的矛盾。她最難容忍的就是過量的麩質和糖，也不滿足於只使用水果和穀物，她要製作前所未見的新作品，宣導一種讓糕點健康又好吃的烘焙理念。所有的食材都要非常新鮮，甚至包括帕林內和果泥。她選用有機巧克力來製作這一款迷你歌劇院蛋糕。品嘗時，不需要將糕點的各個部分分開品味，直接一湯匙舀下去，因為單獨品嘗任何一層都不能帶來和諧的口感，會感覺口味重了或是淡而無味。只有在各層口味融合在一起時才能帶來奇妙的完美感受。既輕柔又濃烈的小歌劇院蛋糕。

分量：4人份　**準備時間**：2小時30分鐘　**製作時間**：24分鐘　**冷藏時間**：5小時

材料

巧克力脆餅
天然杏仁粉44克、糙米粉1克
非精煉鹽30克、生可可粉12克
有機原榨蔗糖22克
精選第一道冷榨菜籽油15克
糙米汁15克

薄脆片
巧克力脆餅71克
專業可調溫巧克力（可可含

量70%）36克

巧克力手指餅乾
蛋黃34克、有機原榨蔗糖16克
蛋白72克、生可可粉7克

巧克力香緹鮮奶油
麥樂超高溫處理無乳糖鮮奶油
145克
專業可調溫巧克力89克
（可可含量70%）

專業可調溫巧克力11克
（可可含量100%）
麥樂無乳糖冷鮮奶油218克

裝飾用巧克力片
專業可調溫巧克力200克
（可可含量70%）

巧克力糖漿
水41克、生可可粉6克
有機原榨蔗糖4克

作法

巧克力脆餅
首先混合杏仁粉、糙米粉、鹽、生可可粉和有機原榨蔗糖，加入冷榨菜籽油後，用手攪拌，再加入糙米汁用手迅速攪拌。將麵團在巧克力造型專用玻璃紙上鋪開，厚度為7公分，之後要用作裝飾。剩下的麵糊捏成小塊狀，放在烘焙紙上烤成巧克力酥，以160℃烤12～15分鐘，取出後放入冰箱冷凍，這樣之後切起來容易。切成4片1×1公分的小塊，每份蛋糕需要1片。

薄脆
將巧克力烤麵屑碾碎。隔水加熱融化可調溫的巧克力，用刮刀混合以上2種食材。用彎型抹刀將巧克力脆片抹在正方形模型中。

巧克力餅乾
將一半蔗糖加入蛋白，打發蛋白備用，蛋黃和一半的有機原榨蔗糖倒入電動攪拌機的攪拌缸中。取出少量蛋白混入蛋黃中，再將所有蛋黃與蛋白用塑膠刮刀混合，最後加入生可可粉。將麵糊塗在鋪有烘焙紙的烤盤上，以190℃烤10～12分鐘，烤好後，將餅乾放在烤架上。

巧克力香緹鮮奶油
在平底鍋中加熱麥樂超高溫處理無乳糖鮮奶油，用熱鮮奶油融化可調溫的巧克力，充分混合後，加入冷的鮮奶油，充分攪拌，在陰涼處放置5小時。最後裝填蛋糕時，要將鮮奶油

分兩層抹入大小為14×14公分的正方形模具中，每份165克。

裝飾用巧克力片
加熱可調溫巧克力到45℃使其融化，再讓巧克力降溫到29℃，重新加熱巧克力，使其溫度達到31℃～32℃，在專用玻璃紙上塗開。在巧克力片上分別切出5×5公分和3×3公分的方塊，大的是用來製作歌劇院蛋糕，小的用於裝飾小點心。

巧克力糖漿
將所有配料倒入小鍋中，混合加熱至沸騰。

裝飾
在正方形模具下方裹上保鮮膜，將巧克力薄脆填入正方形模具中。打發巧克力香緹鮮奶油，將鮮奶油分為兩份，每份165克。在巧克力薄脆上抹一點鮮奶油。將大餅乾切成兩個14×14公分大小的方塊。將第一塊餅乾放入方形模具中，用25克巧克力糖漿浸透，將165克的香緹鮮奶油倒入正方形模具中，用彎抹刀抹開。將第2塊巧克力餅乾蓋在上面，再塗一層鮮奶油。將做好的蛋糕放入冰箱，直到其質地變硬。用熱的刀將做好的蛋糕切成4份，您會得到4份小歌劇院蛋糕，多餘的部分可以當做小點心。最後在每塊蛋糕上放上之前切好的1×1公分大小的巧克力烤麵屑，用巧克力香緹鮮奶油將裝飾用的巧克力片貼在上面即可。

櫻桃蛋糕 LA CERISE SUR LE GÂ

皮耶‧艾曼 Pierre Hermé

天賦異稟的天才烘焙師為您帶來「天生美味」

皮耶‧艾曼就住在父親烘焙店的樓上，除了烘焙，他似乎沒想過要做別的。他14歲就師從西點大師加斯頓‧勒諾特，在老師面前做壞薄餅後差點暈過去，但之後他不斷進步，逐漸成長起來。他不認為烘焙是一項工作，而將它看成一種幸運和機會。1992年，他與愛爾蘭設計師楊‧潘諾爾合作，創作並推出了自己的這一款經典招牌蛋糕——櫻桃蛋糕。這款櫻桃蛋糕的設計理念就是推出一種全新的、其他烘焙師所難以想像的造型蛋糕。皮耶‧艾曼當時用法芙娜推出的全新吉瓦納巧克力來製作它，將巧克力與榛果完美地結合在一起。23年過去了，這個食譜保持著原來的樣子，續寫著經典的傳奇。

分量：6人份　**準備時間**：5小時　**製作時間**：45分鐘　**冷藏時間**：6小時

材料

榛果達克瓦茲餅乾
去皮榛果40克（義大利皮耶蒙地區出產）
糖粉75克、榛果粉65克、蛋白75克
白砂糖25克

帕林內榛果餡
無鹽奶油10克、法國Gavottes脆餅乾50克
法芙娜Jivara牛奶巧克力25克
（可可含量40％）
帕林內100克（榛果含量60％）

牛奶巧克力甘納許（Ganache）
法芙娜Jivara牛奶巧克力250克
動物性鮮奶油230克

牛奶巧克力裝飾圓片
法芙娜Jivara牛奶巧克力200克

牛奶巧克力香緹鮮奶油
法芙娜Jivara牛奶巧克力210克
動物性鮮奶油300克

組合櫻桃蛋糕底
冷的牛奶巧克力香緹鮮奶油
榛果達克瓦茲餅乾、帕林內榛果餡
牛奶巧克力圓薄片、牛奶巧克力甘納許

牛奶巧克力外殼
楊‧潘諾爾設計的櫻桃蛋糕模具
法芙娜吉瓦納牛奶巧克力400克

蛋糕組合
櫻桃蛋糕的6個部分
冷的牛奶巧克力香緹鮮奶油
牛奶巧克力外殼
櫻桃上的杏仁翻糖
杏仁膏10克（杏仁含量22％）
白翻糖20克、黃色素幾滴

紅色糖漿
白砂糖150克、水50克
紅色素適量

紅櫻桃
帶柄的酒漬櫻桃1個
馬鈴薯粉10克
杏仁膏翻糖10克（融化沾櫻桃使用）
紅色糖漿

裝飾
可食用金粉適量
水適量
酒漬紅櫻桃適量

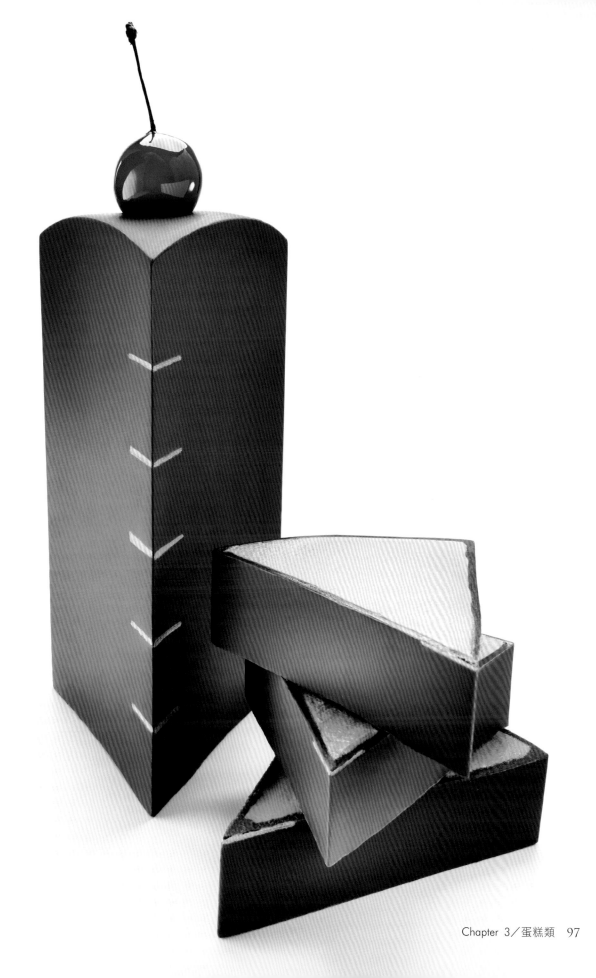

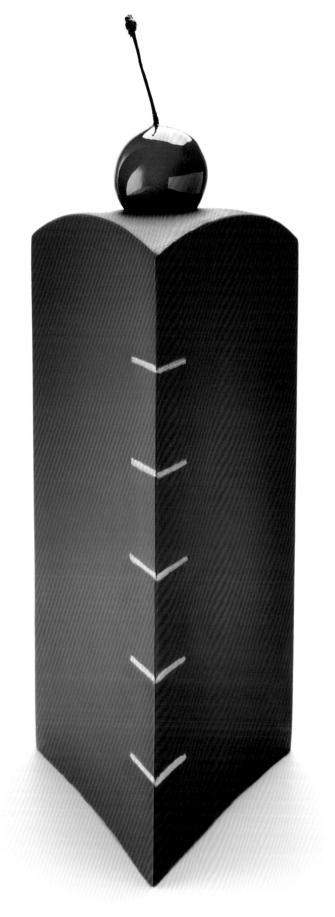

作法

榛果達克瓦茲餅乾

將榛果放入烤箱，160℃烤15分鐘，取出後去皮、壓碎。在烘焙紙上用鉛筆畫出1個直徑為19公分的圓，將烘焙紙反扣在烤盤上。將糖粉和榛果粉混合過篩。用電動打蛋器打發蛋白至變成溼性發泡、不透光，一點一點地加入白砂糖並持續攪拌，蛋白能在攪拌棒上立起來，有漂亮的光澤即可。用矽膠刮刀將榛果粉和糖混入打發的蛋白中，在烤盤的四個角上都沾上一點麵糊，幫助固定烘焙紙。將麵糊倒入帶有12號擠花嘴的擠花袋中，以螺旋形擠在剛才用鉛筆畫好的圓圈中。將碎榛果均勻地撒在達克瓦茲餅乾的表面。將烤箱預熱到165℃，放入達克瓦茲烤30～35分鐘，直至達克瓦茲餅乾顏色變成漂亮的金棕色，摸起來要硬硬的。取出烤盤，將達克瓦茲餅乾放在烤架上，室溫下冷卻。

榛果醬

在平底鍋中用文火融化奶油，放冷備用。小心地將法國Gavottes脆餅乾壓成碎屑。隔水加熱融化巧克力，溫度在35℃～40℃。將榛果醬放在缸盆中，慢慢地加入融化的巧克力，同時要用刮刀攪拌混合。加入法國Gavottes餅乾碎屑，再加入融化的奶油，拌勻即可使用。

牛奶巧克力甘納許（Ganache）

切碎巧克力。在小鍋中加熱奶油至沸騰，離火後分4次加入巧克力，用刮刀不停攪拌，讓混合物變得光滑。將甘納許倒入深盤中，深盤上提前包上保鮮膜，冷藏至少4小時。

牛奶巧克力圓片

隔水加熱牛奶巧克力，溫度為50℃。調溫後，用抹刀將巧克力抹在烤盤上的塑膠紙上，一旦巧克力凝固，立即切割1個直徑為18公分的巧克力圓片，蓋上一層矽膠紙，在冰箱中冷藏。

牛奶巧克力香緹鮮奶油

切碎巧克力。在小鍋中加熱奶油至沸騰，離火後分3次加入巧克力，充分攪拌，讓混合物變得柔滑。將混合物倒入深盤中，包上保鮮膜，冷藏12小時，溫度要保持在2℃～4℃之間，防止鮮奶油使用時變形。

組合櫻桃蛋糕底

在不銹鋼托盤上鋪上矽膠紙，放上1個高3公分、直徑18公分的環形不銹鋼模具，放入達克瓦茲餅乾，在餅乾上用刮板抹上100克的帕林內，放上1片圓形牛奶巧克力薄片。最後，抹上110克的甘納許。放上第2片圓形牛奶巧克力薄片，冷藏15～20分鐘，使其凝固成型。抹上香提鮮奶油，清潔模具四周後冷凍。半冷凍狀態下，將蛋糕脫模，切成同等大小的8份，包上保鮮膜冷凍保存。

牛奶巧克力外殼

準備櫻桃蛋糕模具，用棉花清潔模具，模具的使用溫度是18℃～20℃。將巧克力倒入大碗中，隔水加熱切碎的巧克力，攪拌。當巧克力溫度達到45℃～50℃時，取下大碗，放在另一個放有5塊冰塊的碗中，期間一直攪動巧克力，防止巧克力凝固。當巧克力溫度降至26℃～27℃時，重新隔水加熱大碗中的巧克力。當巧克力溫度到達29℃～30℃時，用調溫過的巧克力塗滿櫻桃蛋糕模具。輕輕敲打模具，讓巧克力中的空氣分離。將1個烤盤放在烤架上，烤盤上鋪上矽膠紙，將淋上巧克力的模具放在矽膠紙上，讓多餘的巧克力流下。巧克力開始凝固後，用刮板修整模具表面，巧克力外殼的理想厚度是0.2公分。

疊層

步驟1／蛋糕底

將蛋糕底完全解凍。將香緹鮮奶油從深盤中取出，放在圓底、半球形不銹鋼盆中，溫度保持在2℃～4℃之間。將鮮奶油裝入擠花袋中，用一點香緹鮮奶油裝飾巧克力外殼。抓住蛋糕底的一角，翻轉，將刀尖插入達克瓦茲餅乾中。將達克瓦茲餅乾放在巧克力外殼的最底層。在第一部分蛋糕底的四周抹上少量的香緹鮮奶油，陸續將蛋糕底其他的部分放入蛋糕外殼中，在每一層都塗上少量的香緹鮮奶油，一方面讓各部分都更好地貼合，另一方面可以填補可能的空隙。塗上甘納許，抹平表面。給蛋糕整體包上三角形的矽膠紙，轉動蛋糕，讓尖的一面朝向自己。脫模是非常精細的過程，取掉橡皮筋，再取下石膏材質的部分，將手指放在矽膠模具中間，取下模具右側部分，從下方開始取，不要取下頂端部分的模具。再取下第二部分的模具，最後取下頂端的。

步驟2／杏仁翻糖

分別攪拌杏仁膏和翻糖，混合2種材料，放入烤箱，以50℃的溫度烤製，加入色素即可使用。

步驟3／紅色糖漿

在小鍋中混合加熱白砂糖和水至120℃。加入色素，繼續加熱至160℃即可。

步驟4／紅櫻桃

洗淨櫻桃，瀝乾水分後放在吸水紙上。將馬鈴薯粉撒在櫻桃上，再將櫻桃浸入杏仁翻糖中，抓起櫻桃柄，讓多餘的翻糖流下。翻糖凝固後，切掉多餘部分，使其冷卻。將櫻桃浸入紅色糖漿中，重複上面使用杏仁翻糖的步驟。用剪刀剪去凝固後紅色熟糖多餘的部分。待櫻桃冷卻後，將櫻桃裝入放有防潮劑的保鮮盒中。

裝飾

混合金粉和少量的水，用刷子蘸上金粉，在蛋糕上尖的一側畫出5條短短的折痕。將做好的櫻桃蛋糕放在盤子裡，最後將櫻桃放在蛋糕頂部，冷藏後即可品嘗。

聖‧特諾黑蛋糕SAINT-HONORÉ

勞倫‧傑尼恩Laurent Jeannin（布里斯托糕點店LE BRISTOL）

這裡的糕點有一種深沉又優雅的韻味。

聖‧特諾黑是掌管麵包之神，這個名字也是一條街的名字，勞倫‧傑尼恩的店就開在聖‧特諾黑街上。他製作的這款糕點與眾不同：是2種酥皮的結合（泡芙和千層派皮），也是2種鮮奶油的融合（香緹鮮奶油和希布希特奶油醬），還是2種焦糖的揉合（半鹽鮮奶油焦糖和脆焦糖）。它美麗的外形也吸引著人們，在它優雅的外觀下藏著美味的祕密，千層酥皮上填滿了香草味的卡士達醬，脆焦糖覆蓋整個表面，泡芙酥皮泛著漂亮的金黃色，上面裝飾著半鹽焦糖和希布希特奶油醬。勞倫‧傑尼恩追求的是質感和口味的極致，香緹鮮奶油的味道在口中化開，然後是希布希特鮮奶油，再是泡芙酥皮上的焦糖，最後是焦糖和千層酥皮的雙重鬆脆，就像美味的無盡迴響。

分量：4人份　　**準備時間：**1小時　　**製作時間：**30～40分鐘　　**冷藏時間：**10分鐘

材料

派皮	奶油65克	希布希特奶油醬	香緹鮮奶油
千層派皮65克	麵粉150克	吉利丁片2/3片	鮮奶油145克
手粉適量	新鮮雞蛋160克	牛奶80克	馬斯卡邦起司15克
烤盤上刷的油	焦糖	香草莢0.5根	白砂糖12克
水80克	水40克	蛋黃40克	香草莢0.5根
牛奶80克	白砂糖160克	白砂糖35克	
白砂糖6克	葡萄糖漿25克	玉米粉或卡士達粉8克	
精鹽5克		蛋白50克	

作法

泡芙麵糊

在小鍋中，混合加熱牛奶、水、白砂糖、鹽和奶油至沸騰，離火後加入過篩的麵粉，充分攪拌至均勻。重新用小火加熱小鍋中的麵糊，充分攪拌1分鐘左右，讓麵糊變成麵團，倒入帶有槳型攪拌器的攪拌缸中，以中速攪打並一點一點地加入雞蛋，讓混合物變得柔滑、均勻、有光澤。用擀麵棍將麵皮擀開，製作千層酥皮，酥皮厚度為0.2公分。在擀開的千層麵皮上撒上少量手粉，冷藏15分鐘，讓麵皮變硬。取出後用叉子在面皮上紮一些小洞。將一個圓盤子倒扣過來，在麵皮上切出一個直徑為18公分的圓形，將圓麵皮放在乾淨的、塗上油脂的烤盤上，沿著千層麵皮的邊沿擠上一圈泡芙麵糊。在烤盤上空出來的地方，用7號圓形擠花嘴擠出20多個直徑為2公分左右的泡芙圓球。將烤箱預熱到230℃，烤1分鐘後關火。等待6～7分鐘，讓泡芙膨起來。將烤箱溫度調至180℃，當泡芙的顏色變得金黃，立即將烤箱拉開一點，讓濕氣散出來。關上烤箱繼續烤大約30分鐘左右即可。將烤好的酥皮放在烤架上，自然冷卻。

焦糖

在小鍋中，混合加熱白砂糖和水至沸騰，要用文火。加入葡萄糖漿，繼續加熱直到色澤光亮的焦糖。將泡芙表面沾上焦糖，讓焦糖凝固後在泡芙表面。

希布希特奶油醬

將吉利丁片泡入冷水中。牛奶和挖出0.5香草莢裡的香草籽連同香草莢一起加熱至沸騰，靜置5分鐘，過濾出香草莢。在碗中混合蛋黃和8克白砂糖，加入卡士達粉（或玉米粉），另外重新加熱香草牛奶至沸騰，離火後，把2者混合。持續加熱1分鐘，保持沸騰，離火後加入吉利丁。打發蛋白，加入剩下的白砂糖，將蛋白打到軟性發泡，2者混合均勻，西部希特奶油醬即完成。將希布希特奶油醬倒入裝有擠花嘴的擠花袋中，將希布希特奶油醬擠入小泡芙底部。千層塔皮上用泡芙麵糊做成的皇冠型包邊裡也要填入希布希特奶油醬。加熱焦糖，小心地將每個小泡芙的底部沾上焦糖，將小泡芙黏在酥皮上，冷藏10分鐘。

香緹鮮奶油

混合攪打鮮奶油、馬斯卡邦起司、糖和0.5香草莢裡的香草籽，做出香緹鮮奶油。

裝飾

將聖·特諾黑蛋糕從冰箱中取出。將香緹鮮奶油放入帶有希布希特奶油醬擠花嘴的擠花袋中，將鮮奶油擠在蛋糕中心處即可。

黑芝麻方塊蛋糕
CAKE CUBE AU SÉSAME NOIR
雅恩・勒卡爾Yann Le Gall（微笑起舞糕點店LES SOURIS DANSENT）

「我是個有點兒懶惰的人，所以我追求極致簡約」

雅恩非常喜歡日本，他也將日式風格用在他作品的造型上。在口味方面，他追求簡單而令人安心的美味。在一次旅行中，他發現了這種亞洲風格的日式方塊蛋糕。蛋糕內裡填滿了香緹鮮奶油，上面蓋著一層巧克力，他十分喜歡，在其他地方從沒有見到過這樣的糕點。他的版本再現了傳統烘焙的密碼，各種食材混合，帶來的口感卻是「柔軟上的柔軟，沒有酥的感覺，也不是脆！」整個糕點的質感比較像舒芙蕾。黑芝麻口味是大眾之選，一口咬下，柔軟立現，黑芝麻的濃香和輕柔的香緹鮮奶油交混。這款糕點輕巧柔軟，特色鮮明。

分量：8塊糕點　**準備時間：**2小時　**製作時間：**36分鐘　**冷藏時間：**30分鐘

材料

泡芙
奶油35克
鹽0.5小撮
麵粉35克
水95克
竹炭粉5克
中等大小的雞蛋4個

貓舌餅乾
奶油（軟化）50克

糖粉50克
蛋白50克
麵粉50克
竹炭粉0.5小匙

黑芝麻卡士達醬
牛奶250克
蛋黃2個
白砂糖32.5克
玉米粉22克

黑芝麻糊20克

黑芝麻香緹鮮奶油
動物性鮮奶油150克
糖粉15克
黑芝麻糊1小匙

裝飾
黑芝麻粒足量
黑芝麻香緹鮮奶油足量
螺旋形貓舌餅乾8塊

作法

泡芙
在小鍋中混合加熱奶油、鹽和水至輕微沸騰，離火後，加入麵粉和竹炭粉充分攪拌，直至混合物變得均勻。重新加熱混合物，加熱1分鐘煮乾一些，將做好的麵糊放入沙拉盆中，將打好的蛋液分多次加入麵糊中，每次加入蛋液都要充分攪打。將麵糊倒入帶有擠花嘴的擠花袋中，在烤盤上鋪上烘焙紙，放上8個大小為5×5公分的正方形模型。將麵糊擠在模型中，在模型上方再蓋1個烤盤。在烤箱中以180℃烤30分鐘，取出後立即脫模，放在烤架上。

貓舌餅乾
在沙拉盆中混合攪打奶油和糖粉，直至混合物變得均勻，加入蛋白、過篩的麵粉和竹炭粉。將混合物倒入擠花袋中，直接剪去擠花袋的尖頭。在烤盤上鋪上烘焙紙，將麵糊螺旋形擠在烘焙紙上，在烤箱中以170℃烤6分鐘。

黑芝麻卡士達醬
在小湯鍋中加熱牛奶至沸騰。在沙拉盆中，混合攪打蛋黃、白砂糖、玉米粉和黑芝麻糊，將部分牛奶澆在混合物上。將混合物倒回放有牛奶的小鍋中，中火加熱至微微沸騰。將卡士達醬倒入深盤中，包上保鮮膜，冷藏30分鐘。

黑芝麻香緹鮮奶油
將冷的鮮奶油和糖粉倒入電動打蛋器的攪拌缸中，攪打混合物，直至鮮奶油可以立在攪拌棒上。小心拌入黑芝麻糊冷藏保存。

裝飾
將卡士達醬從冰箱中取出，放入沙拉盆中，倒入一些黑芝麻粒。攪打香緹鮮奶油，讓鮮奶油鬆開。將卡士達醬裝入帶有直徑0.8公分擠花嘴的擠花袋中，給每個小方塊填餡。在方塊蛋糕頂部裝飾上香緹鮮奶油或是貓舌餅乾即可。

巴斯克蛋糕GÂTEAU BASQUE

傑拉德・魯里耶Gérard Lhuillier
（巴斯魯爾的小磨坊蛋糕店LE MOULIN DE BASSILOUR）

巴斯魯爾的小磨坊，芳香甜蜜的巴斯克蛋糕
「巴斯魯爾的小磨坊」已經有80多年的歷史了，這家製作的巴斯克蛋糕就像夏朗德的拖鞋一樣，非常具有代表性。巴斯克蛋糕美味且從不過時。用農場新鮮的牛奶和雞蛋做成的卡士達醬，由高品質小麥粉和玉米麵粉做成的奶油莎布蕾，和醇香的蘭姆酒共同構成了這款蛋糕經典不變的配方，這是連麵包坊的工作人員都不曾知曉的秘方。鮮奶油巴斯克蛋糕或櫻桃果醬巴斯克蛋糕，奏響巴斯克蛋糕多樣又美味的樂章。傑拉德・魯裡耶是麵包坊的第三代傳人，在這裡他為我們帶來傳統巴斯克蛋糕的配方，這是適合您在家裡製作的一款配方。如果想嘗到正宗的，那只能去比達爾鎮啦！

分量：4人份　**準備時間**：20分鐘　**製作時間**：40分鐘　**靜置時間**：2小時

材料

酥皮
無鹽奶油120克
白砂糖200克
法國T55麵粉300克

泡打粉11克
鹽3小撮
雞蛋2個
棕色蘭姆酒2大湯匙

鮮奶油
牛奶500克
雞蛋3個
白砂糖125克

法國T55麵粉40克
棕色蘭姆酒2湯匙

裝飾
雞蛋1個

作法

酥皮
在電動攪拌機的攪拌缸中，混合攪拌奶油和白砂糖。加入麵粉、泡打粉、鹽、雞蛋和蘭姆酒，混合均勻後，將混合物揉成團，包上保鮮膜，冷藏2小時。

鮮奶油
在小鍋中加熱牛奶。在沙拉盆中混合攪打雞蛋和白砂糖至混合物顏色變白，加入麵粉繼續攪拌，攪拌均勻後，將其倒入裝有牛奶的小鍋中，一邊攪動，一邊加熱，直至混合物沸騰。繼續加熱3～4分鐘，期間要不停攪拌。離火後，加入蘭姆酒，將混合物倒入深盤中，包上保鮮膜保存置於陰涼處。

裝飾
給圓形蛋糕模型塗上奶油。將酥皮麵團分為同等大小的2塊。將麵團的兩端擀平，厚度為0.5公分，將一塊麵團放入模型中，倒入溫鮮奶油（25℃左右），蓋上另一塊麵團，去掉超出模型多餘的部分。在碗中攪打雞蛋，用刷子將雞蛋刷在蛋糕上。用叉子給蛋糕上紮一些小洞，在烤箱中以160℃烤40分鐘。取出蛋糕，待冷卻後脫模即可。

迷迭香蛋糕ROSEMARY

娜塔莉・羅伯特、迪迪埃・瑪特瑞Nathalie Robert et Didier Mathray
（甜麵包甜點店PAIN DE SUCRE）

「也許這樣說有些過時，我們想烹飪一樣烘焙。」

迪迪埃在皮埃爾・加奈爾餐廳工作了12年，娜塔莉也在那工作了6年。他們精於搭配、裝飾和融合，崇尚這種烹飪式的烘焙理念，「甜麵包」也是這一理念的產物。這是一家非常重要的、有代表性的甜品店，從2004年以來，他們一直遵循這種理念，連甜點上的裝飾都要精緻規範。如同這款迷迭香蛋糕，我們看到只用了杏仁、迷迭香和覆盆子裝飾。這款作品是他們精心工作的結晶。可能是第一款人們品嘗後能理解他們真正特色的甜品。人們會驚奇於裝飾用的迷迭香，而娜塔莉和迪迪埃會回答您，這並不是他們的發明，草本植物在果醬、果泥、甜酒中經常使用。橙花的味道率先直抵上顎，大黃和杏仁味緊隨其後，然後是覆盆子的微酸，再來是沙布列，最後……是迷迭香，了不起的作品。

分量：8人份　　**準備時間：**1小時　　**製作時間：**15分鐘　　**冷藏時間：**12小時

材料

杏仁迷迭香沙布列
檸檬皮碎（0.25顆檸檬的量）
切碎的迷迭香5克
奶油80克
糖粉40克
鹽之花2克
麵粉90克

杏仁粉40克
大黃覆盆子迷迭香果漿
吉利丁片4片
食用大黃500克
覆盆子60克
白砂糖85克

迷迭香1枝
白巧克力20克
布里歐修麵包150克
杏仁橙花慕斯
吉利丁片3片
全脂牛奶50克
杏仁甜牛奶100克

橙花水20克
打發的動物性鮮奶油160克
裝飾
新鮮覆盆子適量
迷迭香適量
珍珠脆巧克力適量

作法

杏仁迷迭香沙布列
混合碎檸檬皮碎、切碎的迷迭香、奶油、糖粉、和鹽，充分攪拌至均勻。加入麵粉和杏仁粉，鬆弛30分鐘後，壓成邊長18公分的正方形，在烤箱中，以150℃烤15分鐘。

大黃覆盆子迷迭香果漿
將吉利丁泡入冷水中。將迷迭香洗乾淨後切成1公分長。在小鍋中混合加熱大黃、覆盆子、迷迭香和白砂糖，蓋上鍋蓋，小火加熱，直到熬成果泥。取出迷迭香，加入白巧克力、吉利丁後充分攪拌，放室溫冷卻降溫。在長18公分、高5公分的正方形模具中，放入迷迭香莎布蕾酥餅，將布里歐修麵包捏碎，撒進去，壓緊。倒

入還是液體狀的迷迭香果漿，放入冰箱冷卻，使其凝固。

杏仁橙花慕斯
將吉利丁泡入冷水中。加熱牛奶，放入吉利丁、杏仁甜牛奶、橙花水，再加入打發的鮮奶油。將杏仁橙花慕斯倒入方形模具中，在冰箱中冷藏幾小時。

裝飾
小心地給迷迭香蛋糕脫模，用熱的刀將蛋糕切成9個方塊，在每個方塊上裝飾上覆盆子、杏仁和迷迭香即可。

大黃野草莓乳酪蛋糕
CHEESECAKE FRAISE DES BOIS & RHUBARBE

吉米‧莫爾奈Jimmy Mornet
（巴黎柏悅酒店──旺多姆廣場店PARK HYATT PARIS-VENDÔME）

利用到極致的水果，誘人的芳香

人們總是在宣導某些觀念，卻從不付諸實踐。吉米‧莫爾奈則言出必行，他提出「寡糖」和「低脂」的理念，就在烘焙中真正地做到了這2點，連同糕點的外形也有所改變。在製作起司蛋糕時，如果要做到寡糖和低脂，為了保持糕點的平衡，就不能保留這款蛋糕的原有外形。為了加入更多的水果，吉米以起司蛋糕為圓心，覆蓋了滿滿1層野草莓。他喜歡野草莓的味道，它與其他品種的草莓都不一樣，入口即化。品嘗這款蛋糕時，首先觸動味蕾的是大黃的微酸，接著是起司蛋糕的綿軟，再來是野草莓的新鮮。餅乾的口味貫穿，給各種口味架起了一種完美的聯結。一款水果蛋糕，真正的水果蛋糕。

分量：6人份　**準備時間**：1小時30分鐘　**製作時間**：1小時15分鐘　**靜置時間**：24小時

材料

榛果糖粉奶油細末	蛋糕底	起司蛋糕	大黃醬
麵粉40克	白巧克力20克	吉利丁片2片	食用大黃125克
白砂糖40克	可可脂20克	費城奶油乳酪250克	香草莢0.5根
榛果粉40克	榛果脆餅140克	麵粉10克	粗紅糖20克、果膠粉1克
奶油40克	薄脆片15克	白砂糖80克	裝飾
鹽1克		雞蛋1個、蛋黃1個	野草莓200克、糖粉適量

作法

榛果脆餅

混合所有配料，攪成一個乾餡糊。將混合物夾在2張烘焙紙間，用擀麵棍擀開。取下上方的那張烘焙紙。將混合物放入烤箱，以160℃的溫度烤15分鐘，冷卻後搗碎。

蛋糕底

混合融化白巧克力和可可脂，加入攪碎的榛果脆餅和薄脆片。將混合物擀開，厚度為0.5公分，夾在2張烘焙紙之間，放入冰箱冷藏，再用直徑6公分的切模切出圓片。

起司蛋糕

將吉利丁泡入冷水中，泡20分鐘。混合所有配料，將吉利丁瀝乾水分，在微波爐中融化，再將融化的吉力丁倒入配料中。

大黃醬

在小鍋中放入切成小塊的大黃、去籽的0.5根香草莢、事先混合好的粗紅糖和果膠粉。小火加熱，直至混合物變成糊狀。將大黃醬倒入直徑2公分的半球形模具中，冷凍。

裝飾

將起司蛋糕糊倒在直徑4公分的半球形模具中，倒至模具3/4的高度。將冷凍好的大黃醬嵌進起司蛋糕糊中，在烤箱中以90℃烤1小時。整體冷凍，冷凍後脫模。將2塊半球形蛋糕黏在一起，放在直徑為6公分的圓形蛋糕底上。裝飾一層野草莓，撒上糖粉即可。

巧克力天使蛋糕
ANGEL CAKE AU CHOCOLAT

尼古拉斯·帕西羅Nicolas Paciello（德加勒王子豪華連鎖酒店PRINCE DE GALLES,
A LUXURY COLLECTION HOTEL）

「我的目標是讓人們在品嚐了我製作的糕點後，還想立即再嚐一口。」
尼古拉斯·帕西羅是一位烘焙大師，他的理念和很多烘焙師一樣：烘焙，就是要將美味帶到人間。視覺的美
也很重要，但居於其次，而且講究自然。當人們拿起湯匙品嚐時，一定是第一時間對其美味讚不絕口，這就
是製作一切糕點的出發點。他為聖誕節製作了這款巧克力天使蛋糕，蛋糕的外形就足以吸引您的目光，用湯
匙打開蛋糕，就只會更加為之著迷：巧克力和蛋糕的柔軟、在湯匙上流淌的軟心、美味又鬆脆的酥皮……對
尼古拉斯來説，美味是濃郁的。

分量：12塊蛋糕　**準備時間**：1小時30分鐘　**製作時間**：15分鐘　**冷藏時間**：6小時15分鐘

材料

可可塔皮
奶油450克
糖粉420克
蛋黃320克
T45麵粉800克
可可粉200克

海綿蛋糕
蛋黃65克
白砂糖35克／40克
水90克

葡萄籽油45克
T45麵粉65克
可可粉20克
泡打粉2克
蛋白160克

巧克力鮮奶油霜
吉利丁片9克
動物性奶油960克
牛奶960克
蛋黃225克

白砂糖90克
法芙娜孟加里專業可調溫巧克力675克

巧克力鏡面
可可脂100克
法芙娜孟加里專業可調溫巧克力100克

裝飾
金粉適量

作法

可可塔皮
將奶油和糖粉倒入攪拌器的攪拌槽中，充分攪拌至均勻。倒入蛋黃，繼續攪拌，再加入過篩的麵粉和可可，充分混合。當麵團質地變得均勻，成團不黏攪拌缸的內壁時，停止攪拌。用擀麵棍將麵團擀開，包在2張烘焙紙中間，用直徑5公分的圓形切模切出圓片。在烤箱中，以170℃烤大約20分鐘。

海綿蛋糕
在沙拉盆中混合蛋黃、白砂糖、水和葡萄籽油。將麵粉、可可粉和泡打粉過篩，再和前一步驟混合，充分攪拌。打發蛋白，加入40克白砂糖，讓蛋白更緊實。將蛋白和麵糊混合，用刮刀輕拌。將麵糊倒入布里歐修模具中，在烤箱中以165℃烤25分鐘，取出後，讓蛋糕自然冷卻，用刮板幫助蛋糕脫模。用切模切出直徑5.5公分、高3公分的圓形蛋糕。再用直徑2公分的圓管在蛋糕中心處隔出一個貫通的小圓洞。

巧克力鮮奶油霜
將吉利丁片泡入冷水中。製作英式蛋奶醬：在小鍋中混合加熱鮮奶油和牛奶。在沙拉盆中混合攪打蛋黃和白砂糖，直至混合物發白。將部分沸騰的牛奶澆在發白的蛋黃混合物上，混合攪拌後，將其全部倒回小鍋中。文火加熱，不斷攪動，直至溫度達到83℃。將熱的英式蛋奶醬澆在切碎的巧克力上，製作出甘納許。充分攪拌，讓混合物乳化。給做好的巧克力鮮奶油霜包上保鮮膜，冷藏6小時。將巧克力鮮奶油霜倒入帶有擠花嘴的擠花袋中，將巧克力鮮奶油霜擠入圓形蛋糕中心處直徑2公分的圓洞中。將剩下的奶油擠在海綿蛋糕四周，擠成小水滴狀，冷凍15分鐘。

巧克力淋面
隔水加熱融化可可脂和巧克力，在40℃的溫度下，使用熱氣噴槍將巧克力淋面噴在蛋糕表面上。

裝飾
在蛋糕表面撒上金粉，放在碟子裡即可品嘗。

香草戚風蛋糕
CHIFFON CAKE À LA VANILLE

由紀子、索菲・索瓦日Yukiko Sakka et Sophie Sauvage
（糖果甜食甜點店NANAN）

輕巧精緻

由紀子和索菲是在皮埃爾・卡涅爾餐廳相遇的，她們一拍即合，想要創立自己的甜點店。這家店裡的甜點充滿了日式風情，不論是蛋糕、麵包、甜酥麵包還是火腿麵包都融合了東西方的不同特點。這款香草戚風蛋糕不是店裡最日式的糕點，也不是店主刻意推出的主打款。對於由紀子來說，這是她經常製作的一種家常蛋糕，非常簡單又具有個人特色。品嘗過的人都知道，這款戚風蛋糕比海綿還要柔軟，浸透了濃濃的香草味，蛋糕外部包裹著一層薄薄的香草奶油，還有一層香緹鮮奶油。也許就是這些特點，讓人們都對它讚譽有加。

分量：4人份　　**準備時間**：1小時　　**製作時間**：30分鐘

材料

蛋糕
蛋黃60克
白砂糖60克
香草莢1根

植物油30克
水40克
麵粉75克
蛋白120克
奶油1小塊

香緹鮮奶油
糖粉20克
動物性鮮奶油200克

作法

蛋糕

打發蛋黃和2/3的白砂糖至發白，加入香草莢中的香草籽，一邊攪拌一邊加入植物油和水。將麵粉過篩撒在混合物上，繼續攪拌。打發蛋白和剩下的白砂糖，將打發的蛋白小心地加入到之前的混合物中。拿1個直徑16公分的環形模型，塗上奶油，放在鋪有烘焙紙的烤盤上，倒入混合物，將烤箱預熱到170℃，烤大約30分鐘。取出後，翻轉蛋糕，放置待用。

香緹鮮奶油

將糖粉和冷鮮奶油放在電動攪拌機的攪拌槽中，打發香緹鮮奶油。小提醒：當鮮奶油可以在攪拌器上立起一個尖，就表示已經打好了。用香緹鮮奶油塗滿蛋糕表面，將部分鮮奶油倒入擠花袋中，擠出小圓球作為裝飾即可。

咕咕洛夫KOUGLOF

斯特凡・范德梅爾斯Stéphane Vandermeersch

店鋪裡咕咕洛夫帶來無可挑剔的阿爾薩斯風味

斯特凡・德梅爾斯曾在皮耶・艾曼的店鋪工作，那些年裡，他學習的烘焙技巧讓他製作的千層酥皮臻於完美。他講究傳統，製作了很多酥餅、千層和塔，直到有一天，他遇見了咕咕洛夫。斯特凡是在馥頌學到這款糕點的製作方法。製作這款蛋糕的時候，他總是樂在其中。這款蛋糕的名字來自弗拉芒語，咕咕洛夫，本身就很有趣。他也謙虛地承認，他製作的咕咕洛夫與阿爾薩斯人的傳統糕點不大相同，與傳統的咕咕洛夫相比，他的版本有更多奶油，更加濕潤，也更加豐富，當然，自然更加美味。這似乎成了他的專屬風格，柔軟、甜蜜，奶油的香味四溢，乾果酥脆可口，內餡入口即化……店鋪裡每週要製作600個咕咕洛夫，但他們仍堅持純手工製作。美味恆久遠，經典永流傳。

分量：4人份　**準備時間**：1小時　**製作時間**：30～45分鐘　**靜置時間**：14小時

材料

波斯托克糖漿	咕咕洛夫酥皮	雞蛋150克	裝飾
水500克	麵粉250克	橙花水8克	液體奶油適量
白砂糖75克	白砂糖25克	奶油醬135克	糖粉適量
杏仁粉65克	鹽5克	葡萄乾100克	
橙花水45克	新鮮酵母10克	杏仁1小把	
		榛果1小把	

作法

波斯托克糖漿

在小鍋中，加熱水和白砂糖至沸騰，加入杏仁粉和橙花水，自然冷卻後放入冰箱保存。

咕咕洛夫麵團

將麵粉、白砂糖、鹽、酵母和雞蛋放入電動攪拌機的攪拌缸中，用勾型攪拌器第1檔的速度攪打麵團4分鐘。加入橙花水和125克的奶油醬，用第2檔速度攪打6分鐘，停止後加入葡萄乾，用第1檔速度繼續攪拌直至均勻。在5℃左右的陰涼處保存12小時。第2天，取出麵團。

將剩下的奶油醬抹在模型上，將一些完整的杏仁和榛果撒在模型底部。將麵團捏成咕咕洛夫奶油圓蛋糕的樣子，放入模型中，在30℃的溫度下，發酵2小時。麵團發起後放入烤箱，在180℃的溫度下烤30～45分鐘（具體時間取決於蛋糕的大小）。脫模後，使其自然冷卻。

裝飾

將烤好的蛋糕刷上液體奶油中，再浸入波斯托克糖漿中，瀝乾，輕輕撒上一些糖粉即可。

榛果巧克力蛋糕
CAKE CHOCOLAT NOISETTE
母親糕點店À LM MÈRE DE FAMILLE

無可替代的永恆之美

它一定有個關於美味的秘密。母親蛋糕店創立於1761年，是巴黎第一家巧克力店、糖果店。巧克力、糖果、果仁夾心糖、小杏仁蛋糕、餅乾、蛋糕、冰淇淋、果仁醬、糖漬水果……它就像1本關於甜食的魔法書，但它又是那麼真實地存在著。這裡的糕點盡是經典款，古老、懷舊、讓人難以抗拒。美味的松鼠蛋糕中彌漫著杏仁和焦糖榛果的味道，外面包著店鋪裡製作的巧克力，是理想的範例。這款榛果巧克力蛋糕就是基於傳統的食譜製作而成，蛋糕是完美的，配料也是完美的，完美的蛋糕搭配完美的巧克力和焦糖榛果，帶來近乎完美的享受。來母親蛋糕店吧！這裡帶給您的永遠是最好的，就同往常一樣……

分量：6人份　**準備時間**：20分鐘　**製作時間**：45分鐘

材料

蛋糕	鮮奶油110克	泡打粉6克
去皮榛果100克	蜂蜜60克	杏仁粉60克
雞蛋3個	黑巧克力45克（可可含量70%）	可可粉16克
白砂糖100克	麵粉100克	奶油（融化）60克

作法

壓碎榛果。混合雞蛋和白砂糖打發變白。加熱鮮奶油和蜂蜜至沸騰，沖入熱液使巧克力融化，混合攪拌均勻，再倒入白砂糖和雞蛋的混合物，加入麵粉、泡打粉、杏仁粉和可可粉，再加入融化的奶油和80克的榛果。在蛋糕模具裡鋪上烘焙紙，將麵糊倒入模型中，並撒上剩餘的榛子，放入烤箱，在200℃的溫度下烤5分鐘。切開蛋糕的頂部，重新放入烤箱，在155℃的溫度下烤40分鐘，取出後脫模。

Chapter 4

其他類

黑色／橙色瑪德蓮
MADˊLEINE BLACK／ORANGE

阿克拉姆・布納拉爾Akrame Benallal（瑪德蓮蛋糕店MADˊLEINE）

瑪德蓮蛋糕，童年的味道

想讓阿克拉姆・布納拉爾為了一種糕點離開他的廚房實在是很難，除非是非常吸引他的一種，或者至少讓他無法拒絕。瑪德蓮就有這樣的魅力，柔軟、美味又提神，品嘗一塊瑪德蓮，整個世界都變得美好了。對於瑪德蓮的製作，阿克拉姆・布納拉爾是非常嚴格的，因為成人甚至比孩子們更喜愛瑪德蓮。牛奶大米瑪德蓮、焦糖瑪德蓮、檸檬瑪德蓮、巧克力軟心瑪德蓮……甚至還有冰淇淋瑪德蓮。如果說要從其中選擇一種的話，那一定是檸檬瑪德琳。入口直接給舌尖帶來微酸和新鮮的味道，還有一點點甜，接著便是無窮的綿軟口感，檸檬的微酸，瀰漫在嘴裡每一個角落，即使整個蛋糕都吃完了，檸檬的香氛還是會在嘴裡逗留很長時間。

分量：6 個　　**準備時間**：20 分鐘　　**製作時間**：12 分鐘　　**靜置時間**：24 小時

材料

瑪德蓮蛋糕麵糊
有機雞蛋60克
白砂糖42克
有機麵粉88克

泡打粉6克
竹炭粉1.35克
有機牛奶24克
Sarrasin蜂蜜23克

無鹽奶油76克
餡料
柳橙果醬20克

作法

瑪德蓮蛋糕

將雞蛋和白砂糖混合後倒入電動攪拌機的攪拌缸或沙拉盆中，用打蛋器攪拌5分鐘。一點一點加入麵粉、泡打粉和竹炭粉，放在陰涼處。在小鍋中加熱牛奶和Sarrasin蜂蜜至微微起泡，離火，倒入上一步的容器裡。加入融化的奶油後混合攪拌所有配料，冷藏至少1晚。將混合的配料倒入裝有擠花嘴的擠花袋中。給蛋糕模型塗上油，再撒上麵粉（如果模型是矽膠的，不需要這一步驟），將混合物擠入模型中，至模型的3/4處。將烤箱預熱到173℃，烤10～15分鐘。

裝飾

瑪德蓮趁熱脫模。將柳橙果醬倒入裝有擠花嘴的擠花袋中，用擠花袋將果醬擠入瑪德蓮蛋糕即可。

東加豆綠檸檬榛果沙布列
TONKA CITRON VERT ET NOISETTE

埃爾文・布朗舍、塞巴斯蒂安・布魯諾Erwan Blanche Et Sébastien Bruno
（烏托邦麵包店UTOPIE）

不再烏托邦

很久以來，埃爾文和塞巴斯蒂安都想合作做一些事情，當他們想開一家麵包店時，有人告訴他們：「在巴黎，一家好吃又不貴的麵包店簡直就是烏托邦」。而現在，這兩個烏托邦主義者成立的麵包店，成了業界的範本。烏托邦麵包店追求品質，但價格實惠。東加豆和綠檸檬的搭配只是驚喜的開始，他們想要做出一種外形適宜的甜點，沒有那些無用的外沿、花邊或不規則的部分。只有甜點的中心處有一些不規則的痕跡，但這並不影響整個甜點的形狀。第一口嘗下去就帶來甘納許的滋味，然後是沙布列餅底的酥脆，還有綠檸檬的香味反覆回盪……烏托邦的甜點典範。

分量：6 人份　　**準備時間**：2 小時　　**製作時間**：15 ～ 20 分鐘　　**冷藏時間**：25 小時

材料

沙布列麵餅團	沙布列小脆餅
麵粉65克	沙布列130克
糖粉18克	帕林內（Praliné）50克
杏仁粉8克	薄脆餅（Feuilletine）45克
鹽1小撮	奶油15克
奶油35克	**榛果鮮奶油**
雞蛋20克	吉利丁粉1.5克

水10克
牛奶35克
帕林內（Praliné）200克
鮮奶油80克

東加豆甘納許（Ganache）
東加豆適量
綠檸檬檬皮適量

鮮奶油30克／80克
白巧克力40克

裝飾
綠檸檬檬皮適量
烤榛果適量

作法

沙布列麵團

混合麵粉、糖粉、杏仁粉和鹽，加入奶油，用指尖攪拌，至混合物變成沙塊質地。加入雞蛋，用手攪拌至均勻後，將麵糊揉成圓球狀，包上保鮮膜，在陰涼處放置1小時。將麵糊在烘焙紙上擀開，放入烤箱，180℃烤10～15分鐘。取出後放在烤架上自然冷卻。

沙布列小脆餅

將沙布列餅乾捏成小塊，加入帕林內和小脆餅，再加入融化的奶油。將混合物放入12×16釐米大小的模型中，在陰涼處保存，讓混合物凝固。

榛果奶油

將吉利丁粉泡入冷水中。加熱牛奶至沸騰，將上一步倒入牛奶中。將混合物倒在帕林內上，

加入鮮奶油混合攪拌。使用前要在冰箱中冷藏12小時。

東加豆甘納許（Ganache）

將東加豆和檸檬皮加入30克淡鮮奶油中，將白巧克力切碎一起混合，再倒入煮沸的80克鮮奶油，放入冰箱冷藏12小時。將所有材料倒入電動攪拌機的攪拌缸中打發，裝入帶有12號擠花嘴的擠花袋中。

裝飾

將沙布列小脆片放入模型中。將帕林內鮮奶油倒入帶有15號擠花嘴的擠花袋中，在沙布列小脆片上擠出長條形狀的帕林內鮮奶油。將擠花袋中的東加豆甘納許擠在帕林內鮮奶油上。最後，刨綠檸檬檬皮碎，撒在水滴狀的甘納許和烤榛果上即可。

里昂馬卡龍MACA´LYON

塞巴斯蒂安・布耶Sébastien Bouillet

一次次地震驚了里昂，影響力橫跨至日本

塞巴斯蒂安・布耶在烘焙界刮起了一次次旋風，他的影響力從里昂橫跨至日本。他不斷地創新，有時這創新來自於偶然的靈感。在巧克力糖果的店鋪裡，他整日在機器前度過，給巧克力糖包上漂亮的外衣，以及其他令他好奇的東西。他製作了一系列鹹焦糖馬卡龍，他總有一種包裹一切的念頭，於是他不斷給馬卡龍加料，2層、3層填餡。他製作的馬卡龍一口咬下去，出現2種層次：先是巧克力的香濃，再來是馬卡龍的清脆，與填餡的柔和焦糖搭配在一起，帶來豐富的層次感，是甜蜜、輕柔、平衡的結合。

分量：20 個　**準備時間**：30 分鐘　**製作時間**：10 分鐘　**冷藏／靜置時間**：12 小時

材料

焦糖馬卡龍
馬卡龍
杏仁粉200克
糖粉200克
蛋白85克／60克
白砂糖180克

水40克
焦糖色素1小匙
焦糖奶油醬
鮮奶油200克
葡萄糖漿50克
白砂糖100克

含鹽奶油60克
巧克力外殼
專業可調溫黑巧克力500克
焦糖馬卡龍20個
食用金粉適量

作法

焦糖馬卡龍
馬卡龍
將過篩的杏仁粉和糖粉倒入沙拉盆中，加入85克蛋白，充分混合。在深口小鍋中加熱白砂糖和水把糖漿煮至沸騰，繼續加熱至121℃。當水和糖的混合物達到118℃時，打發60克蛋白。當糖漿溫度達到121℃時，將糖漿沖入已經打發的蛋白上，並繼續攪拌，直至混合物變溫，製成義式蛋白霜。將義式蛋白霜倒入白砂糖、杏仁粉和蛋白的混合物中，充分攪拌。倒入焦糖色素，攪拌均勻。

焦糖奶油醬
在小鍋中加熱鮮奶油。在另一個小鍋中加熱葡萄糖漿至沸騰，分4次加入白砂糖：先倒入1/4的白砂糖，不要攪拌，讓其自然融化。用同樣的方法加入第2份白砂糖。繼續加糖，直至白砂糖用完。當糖的顏色變成焦糖色時，立即倒入熱鮮奶油，加熱混合物至103℃。讓混合物冷卻到45℃後，加入奶油，充分攪拌，讓焦糖變得柔滑，包上保鮮膜，在陰涼處保存。

裝飾
將馬卡龍一組2片放在盤子上。將焦糖奶油倒入裝有8號擠花嘴的擠花袋中。將焦糖奶油擠在其中一片馬卡龍的脆皮上，用另一片脆皮蓋住焦糖奶油，馬卡龍做成夾心，冷藏1晚後就可以包上巧克力外殼了。

巧克力外殼
將黑巧克力打成小塊，隔水加熱，保持溫度在50℃～55℃之間。將裝有巧克力的沙拉盆放在另一個裝有冰塊的沙拉盆中，不停攪拌直至溫度下降到35℃，將巧克力沙拉盆從冰塊中取出，繼續攪拌，直至溫度下降到28℃或29℃左右。一旦到達這個溫度範圍，再次隔水加熱巧克力至31℃或32℃，這個溫度範圍的巧克力才適用於巧克力外殼的製作。將沒有包上巧克力外殼的馬卡龍放在一邊，另一邊放1個鋪有烘焙紙的烤盤。用手拿起馬卡龍，浸入熱巧克力中，2面都要蘸到巧克力。將馬卡龍取出，從下到上去除多餘的熱巧克力。用專用的叉子將包上巧克力的馬卡龍放在烘焙紙上，在巧克力凝固之前撒上金粉。將做好的馬卡龍放入冰箱20分鐘，等待凝固。時間到了以後，立即取出馬卡龍，放在陰涼乾燥的地方保存。使用好品質的巧克力可以讓外殼光澤鮮亮。

經典大瑪德蓮MADELEINE À PARTAGER

法布里斯・勒・布林塔Fabrice Le Bourdat（甜小麥甜點店BLÉ SUCRÉ）

他崇尚的是美味、真實和永恆

作為對美味不懈的追求者，法布里斯為我們帶來經典的大瑪德蓮，柔軟至極，入口即化。時間與美味彷彿都被延長，放大的體積更能讓人享受蛋糕的美味。不論是用刀還是用手，不論是切成長條還是小塊，這樣接地氣的大瑪德蓮總是讓人喜歡，上面疊著的2個小瑪德蓮也十分可愛。它像一個50公分長的大泡芙，又像一個300歐元的婚禮蛋糕，不管像什麼，法布里斯堅持要做好的糕點「做到好，就好，其他的不重要」。大瑪德蓮受到了極大歡迎，成為了甜小麥甜點店的招牌甜點之一，甜酥麵包也是他家的一絕。費南雪和瑪德蓮都是永恆的經典，這一點是不會變的，10年來一直是這樣，那經典的、令人難以抗拒的酥脆柳橙味淋醬從未改變，這也是作者對烘焙的寄望：簡單、觸動人心又永恆。

分量：4人份或1塊　**準備時間**：20分鐘　**製作時間**：25～35分鐘　　**靜置時間**：1晚

材料

瑪德蓮
雞蛋120克
白砂糖100克
牛奶35克
麵粉125克

泡打粉5克
奶油160克
淋面
糖粉300克
柳橙汁150克

作法

瑪德蓮

打發雞蛋和白砂糖至顏色發白，先加入牛奶再加入已經過篩的麵粉、泡打粉和融化的奶油，在陰涼處放置1晚。第2天，將烤箱預熱到210℃，貝殼模型先塗上奶油、再撒上麵粉。將麵糊擠入模型中。將模型先放入烤箱，預熱至160℃，烤25～30分鐘，瑪德蓮趁熱脫模。

淋面

混合糖粉和柳橙汁，淋在熱的瑪德蓮上即可。

帕芙洛娃奶油甜心PAVLOVA

傑佛瑞・卡涅JEFFREY CAGNES（胡桃鉗子甜點店CASSE-NOISETTE）

這是他的第一次停駐

絕美的外形和出色的技藝，傑佛瑞・卡涅這款帕芙洛娃奶油甜心的魅力遠不止於此，每一種味道的搭配都精準而成功。傑佛瑞・卡涅從小就鍾愛烘焙，他流連在特魯瓦的巴斯卡咖啡店櫥窗外。「當然，誠實地说，我並不是個好學生，我要為自己的將來想一條路」。而他最終選擇的這條路，讓他充分發揮了自己的才能。這款帕芙洛娃奶油甜心是理想的甜點，擁有完美的品質（酥脆的餅乾、甜蜜的奶油、又黏又脆的蛋白霜、新鮮的覆盆子……）。主廚最得意的，是這種甜點讓人幾乎不忍下口。我們坐下來，將帕芙洛娃奶油甜心放在碟子裡，從上到下打碎它，切開它，因為所有的祕密都在甜心中，一款高格調的甜點。

分量：20塊　　**準備時間**：1 小時 30 分鐘　　**製作時間**：1 小時 25 分鐘　　**靜置時間**：1 小時 25 分鐘

材料

蛋白霜
新鮮的蛋白100克
白砂糖100克
糖粉50克

香草卡士達醬
牛奶250克
白砂糖60克

香草莢2根
蛋黃50克
麵粉20克
玉米粉15克

馬斯卡邦香緹鮮奶油
動物性鮮奶油400克
馬斯卡邦起司125克

糖粉20克
香草莢2根
甜塔皮
奶油100克
糖粉50克
低筋麵粉200克
鹽2克

杏仁粉15克
雞蛋40克

覆盆子果泥
新鮮覆盆子200克
白砂糖50克
NH果膠粉5克

裝飾
新鮮覆盆子400克

作法

蛋白霜
將蛋白、白砂糖和糖粉放入電動攪拌機的攪拌缸中打發。小提醒：當蛋白霜在球狀攪拌器上形成鳥嘴形狀的尖頭，就表示已經打好了。將蛋白霜裝入擠花袋中，擠花嘴的直徑為2公分。擠出3個蛋白霜球，一個疊在另一個上，大的在下，小的在上，就像聖誕（冷杉）樹的形狀一樣。重複以上操作，直至蛋白霜用完。將烤箱溫度預熱110℃，放入蛋白霜，烤1小時後取出，自然冷卻。

香草卡士達醬
將牛奶、一半白砂糖、去籽的香草莢倒入小鍋中，混合加熱至沸騰。將蛋黃和剩下的白砂糖放入調理盆中，用打蛋器攪打至發白，加入麵粉和玉米粉，充分混合後，將沸騰的牛奶澆在混合物上攪拌。將混合物全部倒入小鍋中，繼續加熱，不停地攪拌，直至沸騰。將混合物倒入長形盤中，在陰涼處放置2小時。

馬斯卡邦香緹鮮奶油
將鮮奶油、馬斯卡邦起司、糖粉和香草籽放入電動攪拌機的攪拌缸中持續攪拌，直至攪打出硬性發泡的甜味鮮奶油，冷藏。小提醒：要製作出理想的鮮奶油，最好先將鮮奶油和馬斯卡邦起司在冰箱中冷藏後再使用。如果天氣比較熱，您可以將攪拌缸和攪拌棒放入冰箱降溫，這樣鮮奶油就更容易打發。

甜塔皮
將奶油、糖粉、麵粉、鹽和杏仁粉放入沙拉盆中，用手指將混合物揉捏成沙塊狀，加入雞蛋，充分攪拌後，給沙拉盆包上保鮮膜，冷藏至少2小時。用擀麵棍將麵團擀開，用直徑7.5公分的圓形模型在麵皮上切出圓形的小麵皮。放入烤箱，在160℃的溫度下烤25分鐘。

覆盆子果泥
將覆盆子和一半白砂糖放入小鍋中，文火加熱。混合剩下的一半白砂糖和果膠粉，待覆盆子沸騰後，立即混合加入糖和果膠粉，繼續加熱1分鐘後，將混合物放在陰涼處。小提醒：再將剩下的白砂糖和果膠粉倒入覆盆子果醬時，一定要提前混合糖和果膠粉，否則果膠粉可能會黏在一起，不能溶解。

裝飾
放好烤好的圓形餅皮，用擠花袋將香草卡士達醬擠在餅皮的中心，擠出1個扁圓形小球。圍繞香草卡士達醬，沿著餅皮的邊緣，順著擺上新鮮的覆盆子。在香草卡士達醬的中心，擠上一點點覆盆子果泥。用擠花袋將馬斯卡邦起司鮮奶油擠在上面，形狀為小圓球，整體要做得漂亮。再擠上1層覆盆子果泥。用1個小擠花嘴在疊好的蛋白霜上挈1個洞，擠入馬斯卡邦香緹鮮奶油進行裝飾，然後將裝飾好的蛋白霜疊在甜點最上方即可。

千層酥MILLEFEUILLE

雅恩·庫夫勒爾Yann Couvreur

從宮廷甜點到櫥窗寵兒

越是熱愛烘焙，雅恩·庫夫勒爾越是注重甜點的味道。沒有多餘的材料、沒有多餘的裝飾，沒有金粉也不用著色劑，雅恩·庫夫勒爾執著於創造更經典的味道。現場製作曾經是他烘焙店的一大創新。那段時間，宮廷甜點出現在烘焙店的櫥窗裡，令他聲名大噪。所有的美好故事似乎都從偶然開始，千層酥也是這樣。雅恩是布列塔尼人，他曾經試做過很多次布列塔尼酥餅都失敗了，最後義大利的帕尼尼給了他靈感，創作出了這款甜品，多麼成功的例子！雅恩·庫夫勒爾版本的千層酥屬於極品中的極品，千層非常精緻、鬆脆，帶有焦糖的味道，柔滑的卡士達醬，還有來自馬達加斯加的香草……令人無法抗拒。

分量：4人份或1塊　　**準備時間**：1小時　　**靜置時間**：3小時30分鐘

材料

香草粉
大溪地香草莢3根
馬達加斯加香草莢3根
留尼旺島香草莢3根

布列塔尼酥餅

法國T45麵粉350克
黑麥麵粉55克
鹽之花12克
乾酵母7克
無水奶油370克

水200克
白砂糖255克
紅砂糖75克

卡士達醬
全脂牛奶370克

香草莢1根
蛋黃90克
白砂糖75克
麵粉20克
卡士達粉7克
鮮奶油（打發）100克

作法

香草粉
乾燥香草莢，粉碎後過篩。

布列塔尼酥餅
將麵粉、鹽之花、酵母、無水奶油和水先後倒入電動攪拌機的攪拌缸中用勾型攪拌器攪拌6分鐘。將麵團放在烤盤上，擀成正方形，冷凍30分鐘，再冷藏1小時，讓其略微解凍。混合攪拌白砂糖和紅砂糖。將麵團擀成長方形，麵皮的2端折向中心，把折好的麵皮對折，1小時後，將麵皮擀開，重複剛才折疊的動作。將折疊並擀開的步驟再重複2次，不用間隔時間，之後將混合好的2種砂糖撒上去（留下少量砂糖）。將麵皮擀至1公分厚，撒上剩下的砂糖，在陰涼處放置幾分鐘後，將麵皮捲成香腸狀，放入冰箱冷凍，冷凍後切成0.3公分厚的薄片（3種不同長度）。將薄片夾在2張烘焙紙中間，用烤帕尼尼的機器烤1分鐘，溫度設定在190℃左右。

卡士達醬
加熱牛奶至沸騰，加入香草莢與香草籽。浸泡30分鐘後，取出香草莢。打發白砂糖和蛋黃，加入過篩的麵粉和卡士達粉。重新加熱牛奶至沸騰，將熱牛奶倒入蛋黃和糖的混合物中，充分攪拌。將所有配料放入鍋中，文火加熱至沸騰後，再加熱2分鐘。將打發的鮮奶油加入到500克的卡士達醬中。

組合千層酥
小心地擠出3條卡士達醬的長條，一條一條放在盤子中心，將最小的脆片蓋在上面。重複以上的步驟，一層脆片蓋著一層條形卡士達醬，脆片由小到大疊加上去，最大的脆片蓋在最上面。千層酥放在盤子上，撒上糖粉和香草粉即可。

芒果千層
GÂTEAU UE CRÊPES À LA MANGUE

崔悦玲、亨利·布瓦薩維Yuelin Cui et Henri Boissavy（糖軒甜點店T XUAN）

糖軒，將中式千層帶給巴黎，要知道那就像普魯斯特的瑪德蓮蛋糕一樣美味

糖軒是由三個中國學生和一個法國學生共同創立的。遠離家鄉的人們在這裡找不到童年的味道，找不到心中可打開回憶之門的普魯斯特的瑪德蓮蛋糕。而中國的瑪德蓮蛋糕就是薄餅千層蛋糕，他們將這種蛋糕帶到巴黎，一些巴黎人好奇地來品嘗這種從未見過的蛋糕。悦玲是奢侈品管理碩士，而亨利是比佛利商場卡地亞珠寶的鑒定師，他們都不是專業的烘焙師，更不會製作蛋糕。他們購買了千層蛋糕的配方，開設了這家門店。店裡擺放著來自香港的傳統中式家具，顏色紅綠交錯，牆上裝飾有中國瓷器，風格富有禪意。千層搭配芒果、抹茶或榴槤（被譽為熱帶果王），用湯匙嘗一口，滿嘴香醇，味道在舌頭上輕柔地蕩漾後消逝，帶來屬於亞洲的味道，柔軟、綿長。這是巴黎甜點店超級棒的新成員。

分量：12人份　**準備時間**：1小時　**靜置時間**：1小時　**製作時間**：30分鐘

材料

薄餅麵糊
麵粉200克
雞蛋3個
牛奶600克
奶油20克

香緹奶油
動物性鮮奶油500克
白砂糖 50克
芒果4個

芒果醬汁
製作香緹奶油剩下的芒果
白砂糖適量

作法

薄餅麵糊
將麵粉倒入沙拉盆中，加入雞蛋、牛奶，再倒入融化的奶油，充分混合，放置1小時。拿1個直徑為28公分的平底鍋，在鍋底塗上奶油。待鍋子燒熱後，用長柄大湯勺舀麵糊進鍋中，製作薄餅，重複這一步驟，直至麵糊用完，放置備用。

香緹奶油
將鮮奶油和白砂糖倒入電動攪拌機的攪拌缸中，充分攪打，將製作好的香緹奶油冷藏保存。將芒果切成厚0.4公分的薄片備用。

芒果醬汁
用手持均質機攪拌剩下的芒果，攪打成醬汁。如果需要的話，加一些白砂糖。

裝飾
將一張薄餅放在盤中，將香緹奶油抹在薄餅上，重複這個步驟10遍，在鋪完第3張薄餅和第3層奶油後，要加上一層芒果，最後蓋上一層薄餅。將芒果醬汁淋在千層蛋糕上即可。

百分百諾曼第沙布列奶油棒
100% NORMANDE

讓—佛朗索瓦・富歇Jean-François Foucher

「當所有的原料都來自同一個地區時，它們搭配得是那麼和諧。」

讓—佛朗索瓦・富歇住在巴黎，但他在諾曼第還有1座帶果園的房子。果園裡的食材讓他能夠根據時令變化來製作不同的烘焙作品。他說：「烹飪家們早就發現，美食的製作要讓季節來做決定。」在諾曼第，不需要出遠門就可以製作想要的蛋糕，在身邊就能找到合適的食材：雞蛋、牛奶、鮮奶油、蘋果、麵粉。在這款諾曼第糕點上，我們能找到諾曼第的傳統特色，這也是讓——佛朗索瓦・富歇的烘焙特色。管狀的蛋糕和奶牛的顏色富有現代氣息，融合成1個介於塔坦蘋果塔和提拉米蘇之間的糕點。這款糕點要放在盤子裡，用刀叉來品嚐。第一口吃下去是醇香的奶油，帶來油而不膩、柔滑、微酸、無可替代的絕妙享受。接著是用來釀酒的蘋果的味道，微澀但醇厚，然後是諾曼第沙布列，圓潤、鬆軟，讓人有微醺的感覺。一款充滿諾曼第風情的蛋糕。

分量：15塊　**製作時間：**7分鐘　**準備時間：**1小時30分鐘　**冷藏時間：**30小時

材料

蘋果醬
用來釀酒的蘋果1000克
白砂糖200克／20克
香草莢1根
蘋果酒200克
洋菜粉12克

鮮奶油
動物性鮮奶油350克
蛋黃105克
白砂糖195克
水73克
吉利丁片10克

伊斯尼鮮奶油350克

沙布列
奶油400克
麵粉1000克
馬鈴薯粉150克
杏仁粉150克

鹽25克
蛋黃5個

裝飾
白巧克力適量

作法

蘋果醬
將蘋果去皮、去籽，切成小丁。在長柄寬口平底鍋中混合加熱香草莢和200克白砂糖，煮成焦糖狀，加入蘋果酒，用蘋果酒融化鍋底的焦糖，然後將蘋果丁放入鍋中一起煮成蘋果醬。混合洋菜粉和20克白砂糖，倒入做好的蘋果醬中，溫度至少維持在80℃。將蘋果醬倒入高1公分、直徑30公分的管狀模型中，在陰涼處保存。

鮮奶油
將鮮奶油倒入電動攪拌機的攪拌缸中打發，冷藏保存。將蛋黃、糖和水倒入小鍋中，攪打至發白，文火加熱，持續攪拌至沸騰。加入提前在冷水中泡軟的吉利丁片和鮮奶油，再加入打發的鮮奶油，在陰涼處保存。

沙布列
混合奶油、麵粉、馬鈴薯粉、杏仁粉和鹽，製作沙布列麵團，加入蛋黃，冷藏24小時。將沙布列麵團擀成10×1公分、厚度0.2公分的長方形方塊，180℃烤7分鐘。

裝飾
將鮮奶油倒在裝有擠花嘴的擠花袋中。在高10公分、直徑3公分的管狀模具中先擠上鮮奶油，再加入蘋果醬，最後放上沙布列，低溫保存6小時。脫模，在糕點外裹上1張乳牛花紋的醋酸纖維塑膠紙（塑膠紙上的白色是用白巧克力製作而成的）在冰箱中冷藏20分鐘後，剝下塑膠紙即可。

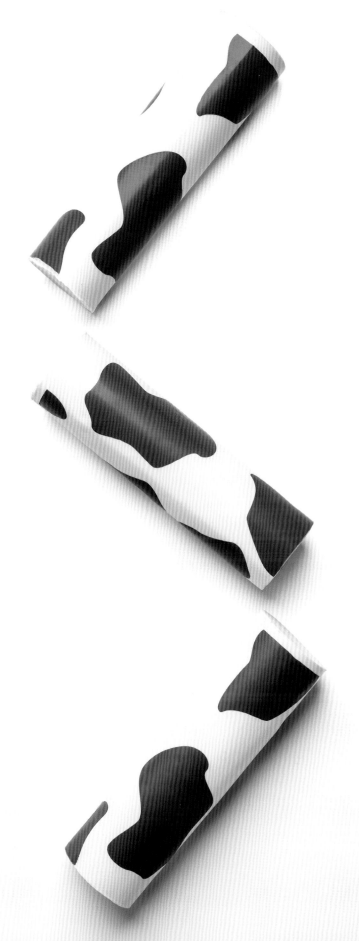

穀物餅乾COOKISE MULTIGRAIN

平山萌子MOKO HIRAYAMA、奧馬爾・克魯特OMAR KOREITEM
（萌子堅果烘焙坊MOKONUTS）

巴黎最好的餅乾，最個性、最自由。

平山萌子曾是紐約的一名記者，她像一陣充滿歡樂與熱情的颶風，將她的風格帶到烘焙界。餅乾是她童年時期的美好回憶，她製作餅乾時，不願意給這件烘焙品加上任何的界限，從白巧克力黑橄欖曲奇，到玉米迷迭香餅乾餅乾，每一塊餅乾都自由得像會呼吸一樣。如果製作出的餅乾不夠好，她就重新嘗試。在餅乾這種神奇的小糕點上，她看到了無限的可能、無限的快樂，永不停歇。她的嘗試不只是要尋找一種新的口味，而是要滿足人們的一絲好奇，製作出一種自由且具誘惑力的作品，在不同材料的多元融合中，創造出一種讓人難以置信的美妙口感。穀物黑巧克力餅乾是她的心頭愛，一口咬下去，酥脆又香濃，在齒間咀嚼出豐富的層次感。入口的鬆脆之後，穀物的香味蹦出來，還有無處不在的巧克力濃香，令人難忘——堪稱「餅乾之王」。

分量：15塊　**準備時間**：30分鐘　**製作時間**：12分鐘

材料

燕麥片80克
穀粒（南瓜籽、葵花籽、亞麻籽）90克
麵粉125克
泡打粉8克
鹽2克

無鹽奶油115克
白砂糖130克
雞蛋1個
黑巧克力（切小塊）150克

作法

混合燕麥片、穀粒、麵粉、泡打粉和鹽，放置備用。混合攪拌奶油和白砂糖至均勻，加入雞蛋後繼續攪拌。倒入麵粉、穀粒等混合物，再加入黑巧克力。用手揉成一個麵團，將麵團分成15個小的圓麵團。將小圓麵團都放在鋪有烘焙紙的烤盤上，在烤箱中以180℃烤大約12分鐘，餅乾顏色變為漂亮的金黃色即可。

抹茶派PIE MATCHA

安多阿娜塔・朱樂亞和辻紗冶子Antoaneta Julea et Sayako Tsuji
（阿摩美久甜點店AMAMI）

宛如童話降臨

安多阿娜塔・朱樂亞和辻紗冶子是在巴黎藍帶相遇的，她們在那裡共事了將近十年。一位是加拿大籍羅馬尼亞人，另一位是美國籍日本人。靈感和作品不斷出現，她們已然習慣了不斷去嘗試、創新。她們在羅舒甜品店和瑰麗酒店都工作過，但最終決定離開。「與其為別人奮力工作，為什麼不為自己呢？」剛開始的時候，她們在網上販售製作好的焦糖，訂單越來越多後，她們在2015年創立了自己的甜品店——阿摩美久。她們很快就推出了結合美式和日式風格的抹茶派，整體感覺像蛋奶凍，但鮮奶油更豐富，鮮奶油的味道抵消了抹茶的苦味，帶來一種平衡。

分量：4人份　**準備時間**：30分鐘　**靜置時間**：4小時　**製作時間**：1小時15分鐘

材料

派皮	抹茶鮮奶油	雞蛋4個
麵粉340克	奶油110克	鮮奶油450克
白砂糖15克	白砂糖130克	香草精0.5小匙
鹽1小匙	麵粉0.5大匙	
奶油250克	鹽0.25小匙	
冷水100克	抹茶粉0.5大匙	

作法

派皮

在沙拉盆中混合麵粉、白砂糖和鹽，加入事先切成小塊的奶油，用手揉搓混合物，倒入冷水，充分混合，當混合物可以被捏成緊實而均勻的麵團時，用刀切成兩半，冷藏2小時。將第1塊麵團擀成1個大圓形，將派皮鋪入直徑22公分的環形模型中，用刀切掉多餘的部分。擀開第2塊派皮，用作裝飾。將第2塊派皮切成3條長條，擰成辮子狀。用刷子蘸上水，將辮子狀的麵皮黏在圓形的派皮邊沿，至少冷藏1小時。在派皮上鋪上1張烘焙紙，再壓上烘焙重石。小提醒：沒有烘焙重石怎麼辦？大米或是扁豆也可以起到同樣的作用。將烤箱預熱到175℃，烤15分鐘，取下烘焙紙和烘焙重石，繼續烤15分鐘，待派皮顏色變得金黃後即可取出。

抹茶鮮奶油

融化奶油，用打蛋器攪拌白砂糖、麵粉、鹽和抹茶粉，將奶油倒入混合物中，一個一個地加入雞蛋，加入鮮奶油和香草精，過濾後澆在派皮上。放入烤箱中，以175℃的溫度烤10分鐘，將烤箱溫度調至150℃，繼續烤30分鐘。派的中心處，抹茶奶油會略微顫動。當抹茶派的溫度下降到室溫後，將其在陰涼處放置1小時即可。

祖母蛋奶凍FLAN GRAND-MÈRE

洛岡、布萊德雷・拉豐Logan et Bradley Lafond
（歐尼斯特與瓦倫丁麵包店ERNEST ET VALENTIN）

醉心於烘焙又熱情的兄弟倆，帶著驚人的天賦而來。

洛岡和布萊德雷2人合作開了他們的麵包店，而麵包店的名字由2人祖父的名字組成。當然，他們的祖父們並不是麵包師，他們也不像有些烘焙師是傳承家族的歷史而來，他們描繪的是屬於自己的未來。他們要將祖輩們製作美味、品嘗美味的概念繼續傳承下去，即便這條探索的路看起來那麼遙遠，有時還烏雲密布。祖母蛋奶凍的名字聽起來很熟悉，在他們看來這款作品是糕點界的一個頂峰，很難做到完美。布萊德雷負責蛋奶凍的部分，洛岡則是麵包師，親手烘焙油酥塔皮。蛋奶凍的表面是焦糖，內裡柔軟微顫，有焦糖布丁的質感，奶香彌漫，波本香草味濃郁綿長。這作品凝聚了對美味的恆久追求。

分量：6～8人份　準備時間：1小時　製作時間：20～40分鐘

材料

油酥塔皮
法國T45麵粉200克
人造奶油100克
鹽4克
水50克

卡士達醬
牛奶750克
動物性鮮奶油250克
白砂糖200克

香草莢1個
玉米粉85克
雞蛋100克

作法

油酥塔皮
將所有配料倒入電動打蛋器的攪拌槽中，攪拌至均勻。將麵團擀成厚度0.3公分的塔皮，放入直徑22公分的圓形模型中。製作卡士達醬期間，將塔皮冷藏。

卡士達醬
混合加熱牛奶、鮮奶油以及3/4的白砂糖。將香草莢橫切為2半，把裡面的香草籽刮出，香草莢和香草籽一併倒入牛奶中。將剩下的白砂糖、玉米粉和雞蛋倒入攪拌缸中，打發至混合物顏色發白。加熱鮮奶油、牛奶和糖至沸騰，沸騰後將一部分混合物澆在雞蛋、白砂糖和玉米粉的混合物上充分攪拌。將所有混合物倒入小鍋中，充分攪打至均勻。用長柄大湯勺將卡式達醬倒在圓形模型中的油酥塔皮上，放入烤箱中，以260℃烤20分鐘，再用180℃烤40分鐘。將蛋奶凍從烤箱中取出時，它要充分膨脹，顏色呈金黃色。在室溫下冷卻後脫模，將蛋奶凍放入盤中。品嘗時，蛋奶凍應該是奶香濃郁，入口即化的。

檸檬故事LE CITRON

亞曆克西斯・勒科弗爾、西爾韋斯特雷・瓦希德Alexis Lecoffre et Sylvestre Wahid
（雙星糕點店GÂTEAUX THOUMIEUXs）

一位烘焙師和一位二星主廚：理想而美妙的二重奏

亞曆克西斯・勒科弗爾和西爾韋斯特雷・瓦希德認為，檸檬塔從味道上來說，應該要讓每個品嘗的人都能接受。他們的版本是沒有塔皮也沒有餅乾底的，他們用白巧克力外殼來取代。檸檬故事這款糕點的外形酷似水滴，豐盈又可人。內裡包裹的是打發的檸檬甘納許，摻有檸檬汁、檸檬皮，用的都是黃檸檬，都是酸的。在最裡面的一層，包裹了綠檸檬果醬，加入了橙汁。內餡帶來微酸又新鮮的香氛，而甜味主要在外殼部分。真是出色的嘗試，達到了一種油脂、甜味和酸味的完美平衡。最後用幾顆手指檸檬作為裝飾，整個糕點都訴說著檸檬的故事。

分量：10 塊　　**準備時間**：1 小時 45 分鐘　　**冷藏時間**：36 小時

材料

打發的檸檬甘納許（Ganache）
吉利丁片3.5克
鮮奶油600克
黃檸檬皮碎10克
白巧克力175克（歌劇院巧克力集團協奏曲系列）
黃檸檬汁200克

糖漬綠檸檬
綠檸檬30克

橙汁30克
白砂糖40克／1小撮
NH果膠粉1刀尖的量
（其他果膠粉也可以）

白巧克力外殼
可可脂250克
白巧克力250克
（歌劇院巧克力集團協奏曲系列）

綠檸檬義式蛋白霜
白砂糖315克
綠檸檬汁80克
蛋白105克

裝飾
金粉適量
金箔適量

作法

打發的檸檬甘納許（Ganache）
將吉利丁泡入冷水中。混合加熱1/3的鮮奶油和檸檬皮碎至沸騰，加入吉利丁後，將混合物分2次澆在白巧克力上，混合攪拌，加入剩下的鮮奶油，然後過濾。混合物變冷後，加入檸檬汁，充分攪拌，靜置24小時候，方可使用。

糖漬綠檸檬
將綠檸檬切成大塊，放入攪拌器中攪拌。將橙汁、打碎的綠檸檬、40克白砂糖放入小鍋中，加熱混合物至50℃之後，加入事先混合好的1小撮白砂糖和NH果膠粉，繼續加熱至沸騰，沸騰後將火調小，繼續加熱15分鐘，使其冷卻，冷藏保存。

白巧克力外殼
以45℃的溫度融化可可脂，將可可脂澆在白巧克力上，充分攪拌。巧克力的最佳使用溫度為50℃。

綠檸檬義式蛋白霜
混合加熱白砂糖和檸檬汁至110℃。打發蛋白。繼續加熱檸檬糖漿至121℃，將糖漿沖入蛋白上，攪打混合物，至蛋白霜能在攪拌棒上形成鳥嘴狀。在這一步驟中，繼續攪打已經打發的蛋白能讓蛋白霜的質地變得更緊實。

裝飾
將檸檬甘納許倒入電動攪拌機的攪拌缸中打發，直至其能立在攪拌棒上。將甘納許倒入帶有擠花嘴的擠花袋中，將甘納許擠在球形矽膠模型中，擠至模型的3/4處，用抹刀將甘納許從中心撥向模型四周。將糖漬綠檸檬內餡倒入帶有擠花嘴的擠花袋中，將10克內餡擠入模型的中心處，繼續裝填甘納許，將剩下的1/4空間都填滿，抹平模型表面，冷凍12小時。冷凍好後取出，脫模。將竹籤插進冷凍後的甘納許圓球中，將甘納許球浸入可可脂和白巧克力的混合物中，再冷凍10分鐘，然後將甘納許圓球泡入蛋白霜中。可以用叉子協助去掉圓球上的竹籤，將甘納許圓球放在盤中，用噴槍烤一下蛋白霜，撒上金粉，最後再將金箔裝飾在頂部即可。

布列塔尼脆餅LE CROUSTI BREIZH

皮爾─瑪麗・勒摩瓦諾Pièr-Marie Le Moigno

布列塔尼餅的新式做法

2014年6月,皮爾——瑪麗・勒摩瓦諾將酒店業的運營模式帶到布列塔尼的烘焙界來,那是她一直夢想著的。她會像餐館裡那樣,根據市場、時令等,不斷更換糕點的樣式,更換「功能表」。皮爾——瑪麗同時也在找尋1種新的製作布列塔尼餅的方式,推出1款更現代、更可愛的布列塔尼餅。布列塔尼脆餅,就是這樣按照她自己的想法製作而成。所有的製作流程都在特殊的模具中完成。古典與現代的結合帶來布列塔尼脆餅的閃耀亮相:緊致的千層酥皮,鬆脆而佈滿焦糖。脆餅的厚度不同,質地也不同,有的鬆脆一些,有的綿軟一些,感覺不同,口味互補。這正是主廚想要的效果。

分量:約30塊　**準備時間:**1小時　**製作時間:**15分鐘　**冷藏時間:**2小時

材料

千層酥皮	法國T45麵粉450克	白砂糖150克
新鮮酵母7克	香草粉3克	粗紅糖150克
冷水270克	無鹽奶油(融化)20克	
鹽之花5克	無水奶油330克	

作法

千層酥皮

用少量水混合新鮮酵母。將水、鹽、麵粉和香草粉倒入電動攪拌機的攪拌缸中緩慢攪拌,加入融化的奶油,用攪拌勾攪拌,讓麵團成型,不黏在攪拌槽的四壁上,再冷藏鬆弛30分鐘。鬆弛後,用手掌擠壓麵團,將麵團中的空氣擠出,這樣酵母就會和麵團中的物質充分接觸,進一步發酵。將麵團擀成1個大正方形。小提醒:要在工作臺上撒上適量的麵粉,這樣麵皮才不會黏住。將無水奶油放在麵皮上,方形的奶油底部面積要比麵皮小,用麵皮把奶油包住,注意要把麵皮完全捏合住。將麵皮進一步擀開,長度要是剛才的3倍,旋轉90度,2端折向中心,再沿中心對折,折起的每1塊大小要相同。將麵皮放入冰箱冷藏30分鐘,取出後重新擀開,重複1遍剛才折疊、擀開的步驟。在擀好的麵皮上撒上白砂糖和粗紅糖,這樣做出來的布列塔尼脆餅會有一絲焦糖的味道。再重複一遍將麵皮疊好並擀開的步驟,冷藏30分鐘,再將其重新擀開。將麵團製成直徑5公分的圓筒形,冷藏30分鐘後,切下厚2公分的薄片。將薄片放在鋪有烘焙紙的烤盤上,讓麵皮在24℃的溫度下進一步鬆弛。在烤箱中,以180℃烤15分鐘,讓焦糖上色才是烤好,將脆餅放在烤架上,冷卻後即可品嘗。

好時光沙布列SABLÉS

菲奧納・勒呂克、文森特・勒呂克、法提娜・法耶Flona Leluc, Vincent Leluc et Fatina Faye（好時光甜點店BONTEMPS）

莎布蕾，指尖的小蛋糕

在「好時光」裡度過的時光多麼愜意。人們總能沉浸在它那美麗的氛圍裡。菲奧納和文森特在共同的理念下創立了他們的店鋪，推出他們最喜愛的糕點，做出極致美味的奶油。「好時光」推出讓人難以抗拒的美味沙布列，覆盆子花瓣沙布列配上西西里檸檬，還有皮埃蒙榛果夾心醬，帶來完全不同的美味體驗。這種無法複製的美味令人欲罷不能。「好時光」的沙布列配方是保密的。沙布列輕巧又酥脆，奶油清甜又圓潤。一切都符合「好時光」的風格。這裡給大家展示的配方是家常製作配方，在這個食譜中汲取營養，開啟您的探險之旅吧。

分量：約20個　**準備時間**：20分鐘　**製作時間**：15～20分鐘　**冷藏時間**：1小時

材料

奶油（軟化）170克　　　麵粉200克
糖粉60克　　　　　　　鹽之花1小撮

作法

將軟化奶油和糖粉放入電動攪拌機的攪拌缸中，用球狀攪拌器打發奶油。加入麵粉和鹽，充分攪拌至均勻，注意：麵糊不要攪拌過頭了。小提醒：將麵團夾在2張烘焙紙之間，擀開，這樣麵團不會黏住，麵團厚度為0.5公分，冷藏1小時。用圓形切模在麵皮上切出圓形，用一種直徑更小的圓形切模在圓麵皮中間切出圓形小洞。將做好的麵皮放在鋪有烘焙紙的烤盤上，在烤箱中以160℃的溫度烤15～20分鐘即可。

濃香堅果沙布列LES NUSSCHNITTLIS

拉烏爾·梅德Raoul Maeder

阿爾薩斯的風情，藏在「內心」的香辛

拉烏爾·梅德的父親就來自阿爾薩斯，但他在烘焙中並沒有一開始就想到要用家鄉的特色。他起初在巧克力之家工作，當他希望製作一些在旅行中方便攜帶的糕點時，他想到了自己的家鄉，阿爾薩斯。這種糕點中使用的沙布列酥皮在烘焙過程中充分膨脹，內裡酥脆，咬進嘴裡，彷彿還帶來一絲溫熱。咀嚼釋放了香味，一直綿延到喉嚨裡。香料是來自阿爾薩斯的珍貴遺產，發揮了關鍵的作用，人們就是為著這香料來的。拉烏爾·梅德從未厭倦推廣這美味。所有配方都來自於他父親，它就像人們心中的瑪德蓮蛋糕。

分量：8塊　**準備時間**：45分鐘　**製作時間**：30分鐘　**冷藏時間／靜置時間**：36小時

材料

麗滋塔皮
糖粉40克
白砂糖40克
奶油80克
雞蛋1個

鹽1小撮
肉桂粉6克（1小匙）
榛果20克
麵粉200克
泡打粉1小匙

覆盆子果醬
覆盆子果醬120克

堅果內餡
白砂糖100克
榛果粉18克

切碎的榛果18克
杏仁粉18克
切碎的杏仁18克
肉桂粉5克
蛋白50克

作法

麗滋塔皮
將所有配料按照順序倒入電動攪拌機的攪拌缸中，攪拌至均勻，立即揉出1個麵團，包上保鮮膜，在冰箱中冷藏12小時。取出後，將麵團擀成厚度0.2公分的麵皮，將麵皮放入各個模型中。

覆盆子果醬
給每一塊酥皮上抹上15克的覆盆子果醬。

內餡
將所有配料倒入小鍋中加熱，不停攪拌，在沸騰之前倒在沙布列酥皮上，在室溫下乾燥24小時。在烤箱中以150℃烤30分鐘，脫模後即可品嘗。

可斯密克千層慕斯杯KOSMIK MILLEFEUILLE

克里斯托夫‧米沙拉克Christophe Michalak

有趣又美味的可斯密克千層慕斯杯

克里斯托夫‧米沙拉克已經得到了烘焙界同仁的欣賞和尊重，但他仍然在不斷創新，避免重複。如今，他引領了高端烘焙界的風潮，注重糕點的口味、變化以及平衡。可斯密克千層慕斯杯歷經兩年才最終面世，剛開始克里斯托夫‧米沙拉克希望將它打造成一種在街邊即食的甜點。最終製作成型的慕斯杯不是簡單地將甜點放進玻璃杯中，它注重鮮奶油的疊層、達克瓦茲的蓬鬆、鬆脆的口感、搭配的順序……一切就像在餐館裡製作一道精緻的美食那樣。

分量：10個　**準備時間**：1小時30分鐘　**靜置時間**：12小時　**製作時間**：：1小時

材料

鹹焦糖片
白砂糖120克
鹽之花1.2克

香草外交官奶油醬
卡士達醬
牛奶280克
香草粉6.6克
香草莢1根
東加豆0.5個

蛋黃60克
白砂糖43克
卡士達粉1.8克
精鹽0.2克
奶油22.4克
香草香緹鮮奶油
鮮奶油174克
葡萄糖漿8克
轉化糖漿8克

香草莢1.5根
精鹽1克
茴香酒1克
法芙娜歐帕麗斯可調
溫專業白巧克力32克

香草香緹鮮奶油
鮮奶油416克
葡萄糖漿20克
轉化糖漿20克

香草莢3根
香草粉2克
精鹽1克
茴香酒1克
法芙娜歐帕麗斯專業可調溫巧
克力78克

焦糖千層
千層派皮（40×60公分）1片
糖粉適量

作法

鹹焦糖片
將白砂糖倒入小鍋中，小火加熱。當糖變為琥珀色時，加入鹽之花。將咸焦糖放在烘焙紙上，混合攪打，得到碎的焦糖片。

香草外交官奶油醬
卡士達醬
混合加熱牛奶、香草粉、切開並去籽的香草莢、擦碎的東加豆至沸騰。在沙拉盆中混合攪打蛋黃、白砂糖、卡士達粉至混合物發白。過濾沸騰的牛奶混合物，將過濾好的牛奶混合物重新倒回小鍋中，繼續加熱至88℃。加入鹽和小塊的奶油，讓混合物冷卻至35℃，放入冰箱冷藏。

香草香緹鮮奶油
混合加熱1/3的鮮奶油、葡萄糖和轉化糖漿、香草籽、鹽、茴香酒至沸騰。蓋上鍋蓋，讓混合物繼續沸騰10分鐘。將混合物直接過濾並澆在巧克力上，用掌上型帶刀頭的均質機進行攪拌，攪拌後放入冰箱冷藏2小時。打發冷的香緹鮮奶油。攪拌卡士達醬，再將鬆弛的卡士達醬倒入打發的香草香緹鮮奶油中。將做好的香草布丁鮮奶油倒入帶有擠花嘴的擠花袋中，在陰涼處保存。

香草香緹鮮奶油
按照前面的步驟製作鮮奶油，加入香草粉，打發充分冷卻的鮮奶油。將香草香緹鮮奶油倒入帶有擠花嘴的擠花袋中，在陰涼處保存。

焦糖千層
將千層酥皮夾在2張烘焙紙之間，放在烤盤上，再蓋上1個烤盤，避免酥皮在烤製過程中過分膨大。將派皮放入烤箱，以170℃的溫度烤35分鐘。翻轉烤盤，再烤8分鐘。取下上方的那個烤盤，加糖，再烤5分鐘。將派皮切成5×5公分大小的方形，在220℃的溫度下製作焦糖千層派皮。

裝飾
在每一個玻璃杯底部鋪上12克的鹹焦糖片。用帶有擠花嘴的擠花袋擠出60克的香草外交官奶油醬，蓋在焦糖片上，再擠入50克的香草香緹鮮奶油，最後鋪上方形的焦糖千層派皮即可。

香草百分百100% VANILLE

安奇洛‧瑪莎ANGELO MUSA（雅典娜廣場酒店PLAZA ATHÉNÉE）

為您帶來美味、優雅和情感的享受

安奇洛‧瑪莎與雅典娜廣場酒店合作無間，讓人們不自覺地將2者聯繫在一起。安奇洛‧瑪莎對烘焙有一種天生的敏感和熱情，這讓他製作的糕點總是完美得恰到好處。他講究味道的平衡，不論是巧克力、香草或是水果。如果說要有什麼衝突或不同，那也許是口感上的層次，至於味道，如果他要製作香草味的糕點，那麼他就會只突出香草的味道，他的香草百分百就是1個例子。糕點帶來香草的愛撫：香草餅乾、香草脆片和鹽花、香草鮮奶油和香草慕斯。一口吃下去，濃郁的香草味四溢開來，先是香草慕斯的輕柔，再來是香草鮮奶油的濃香，最後是香草餅乾和杏仁脆片，一系列的香味在鹽之花的作用下延長、激盪，讓人想要不斷重溫這種美味。

分量：4人份　　**準備時間**：2小時　　**製作時間**：35分鐘　　**冷藏時間**：6小時

材料

香草杏仁脆	香草餅乾	香草慕斯	裝飾
杏仁粒102克	杏仁粉75克	吉利丁2片	香草粉適量
無鹽奶油7克	粗紅糖45克	香草莢4個	
白巧克力65克	蛋白30克／90克	動物性鮮奶油75克	
香草莢1.5根	蛋黃40克	白砂糖10克	
鹽之花1小撮	香草莢1根	蛋黃40克／40克	
薄脆餅（Feuillentine）	香草精4克	白巧克力118克	
或小薄餅35克	精鹽1小撮	水40克	
	無鹽鮮奶油20克	葡萄糖漿9克	
	無鹽奶油63克	動物性鮮奶油178克	
	轉化糖漿17克		
	粗紅糖25克		
	麵粉38克		
	泡打粉2克		

154

作法

香草杏仁脆

將杏仁粒放入烤箱，以150℃烤20分鐘，自然冷卻。融化奶油和白巧克力，混合香草莢（挖出香草籽）和鹽。在食物調理機中攪拌冷卻的杏仁，直至得到稠厚的杏仁糊。將巧克力、奶油、香草和鹽之花的混合物倒入攪拌器的攪拌槽中。攪打幾秒鐘，讓混合物質地變得均勻。將混合物倒入沙拉盆中，加入薄脆餅，用刮刀混合攪拌。將薄脆餅糊鋪開在2張烘焙紙之間，用擀麵棍擀開，厚度為0.2公分。放入冰箱冷藏至少1小時，使其變硬。

香草餅乾

用刮刀在沙拉盆中混合杏仁粉、粗紅糖、30克蛋白、蛋黃、香草籽、香草精和鹽。在平底鍋中加熱鮮奶油、奶油和轉化糖漿，將熱的鮮奶油混合物澆在杏仁粉混合物的沙拉盆中。在食物調理機中打發90克蛋白，一邊打發一邊加入粗紅糖，打發蛋白霜。用刮刀將1/3的蛋白霜倒入裝有混合物的沙拉盆中。混合過篩的麵粉和泡打粉，再小心地加入剩下的蛋白霜。用刮板將做好的餅乾糊抹在鋪有烘焙紙的烤盤上，在烤箱中以170℃烤15分鐘，餅乾烤到金黃色。取出後剝下包裹香草杏仁脆的其中1張烘焙紙，將這張黏著杏仁脆的烘焙紙鋪在熱餅乾上，用手壓一壓，讓薄脆和餅乾充分結合。將餅乾放入冰箱冷藏至少1小時，用切模將餅乾切成多個直徑4公分的小圓盤再冷藏。

香草慕斯

將吉利丁片泡入冷水中泡軟，擠出水分。將香草莢和香草籽泡入熱鮮奶油中，浸泡20分鐘，用篩網過濾。將糖、40克蛋黃加入到香草鮮奶油中，用打蛋器攪拌。在小鍋中加熱香草鮮奶油混合物至82℃，加入軟化的吉利丁，充分混合後做成英式蛋奶醬，將英式蛋奶醬澆在融化的巧克力上，用手持均質機進行攪拌，讓混合物質地變得均勻，做好香草甘納許。讓混合物自然冷卻至30℃，在此期間製作法式奶油醬，加熱水和葡萄糖漿煮至沸騰，將混合物混合40克蛋黃。將做成的蛋黃醬倒在食物調理機中，用攪拌棒打發，直至混合物徹底冷卻。用攪拌器攪打淡鮮奶油，直至奶油可以立在攪拌棒上。將1/3的打發奶油倒在冷卻到30℃的香草甘納許上。先加入1/3的蛋黃醬，再加入剩下的打發鮮奶油和蛋黃醬。

裝飾

將4個直徑8公分、高5公分的不銹鋼環形模具放在鋪有烘焙紙的托盤上。將香草慕斯倒入每個環形模具中，倒至模具的2/3處。在每個模具中鋪上1塊圓形脆餅乾，冷凍至少4小時。冷凍完成後，用手輕觸模具，讓模具變暖一點後脫模。將脫模的部分放在盤子上，撒上香草粉。香草粉可以直接在商店買，或者在家裡製作。在家裡製作的話，需要提前1夜將香草莢放入烤箱乾燥，再用多功能攪拌器攪拌成粉即可。

瑪德蓮慕斯ENTREMETS MADELEINE

弗朗索瓦・佩雷François Perret（巴黎麗茲酒店LE RITZ PARIS）

烘焙顛峰之作

麗茲酒店作為巴黎最高水準的酒店之一，它提供的甜點也保持著同樣頂尖的水準。弗朗索瓦・佩雷帶著他的瑪德蓮慕斯而來，這也成了他的招牌和標誌，這蛋糕讓他癡迷，彷彿讓我們與普魯斯特相遇。這蛋糕為我們帶來種種驚喜，其一，視覺上的驚奇感是這款蛋糕魅力的一部分，瑪德蓮慕斯的外觀同傳統的茶點相似，又不盡相同；其二，蛋糕的尺寸與難以置信的綿軟口感帶來了一種反差。兩者合一，給我們帶來非同尋常的美味享受，就像二次登上珠穆朗峰之巔。品嘗時，先用刀將瑪德蓮慕斯橫切開來，再用叉子插住1塊蛋糕，蘸著香甜的焦糖板栗蜂蜜來吃，這樣就能一次性品嘗所有的美味。這是雷帶給烘焙界的大膽的、富有創造力的、成功的新嘗試。

分量：3塊（6人份）　**準備時間**：2小時　**製作時間**：14分鐘　**冷藏時間**：12小時

材料

香草糖漿
水150克
白砂糖40克
波本香草莢1根

薩瓦蛋糕
雞蛋120克
白砂糖110克
奶油（融化）60克
法國T45麵粉80克
馬鈴薯粉40克
泡打粉4克
切碎的杏仁40克

香緹慕斯
吉利丁片1.5片

打發的鮮奶油380克
（1/3淡鮮奶油和2/3打發的鮮奶油）
波本香草1克
卡士達醬60克
吉利丁片3片

焦糖鮮奶油霜
吉利丁片4片
洋槐蜜100克
板栗蜂蜜120克
葡萄糖漿150克
鮮奶油550克
波本香草粉2小撮
蛋黃140克
牛奶巧克力200克

金色表層
可可脂200克
歐帕麗斯白巧克力200克
牛奶巧克力20克
橙色色素2克
金色閃粉適量

巧克力表層
可可脂125克
卡魯帕諾黑巧克力105克
可可醬40克

作法

香草糖漿
將水和白砂糖倒入小鍋中，混合加熱至沸騰。將去籽的香草莢和香草籽一起放入小鍋中，蓋上鍋蓋燜1小時，冷藏保存。

薩瓦蛋糕
在打蛋器中打發雞蛋和白砂糖，加入融化的奶油。將麵粉、馬鈴薯粉、泡打粉混合過篩，倒入步驟1的混合物中。給瑪德蓮蛋糕模型（12×4×4公分）裡塗上少量油脂。將麵糊倒入擠花袋中，再擠入模型中，撒上切碎的杏仁。在烤箱中以160℃烤14分鐘，取出瑪德蓮蛋糕，使其自然冷卻。冷卻後，用刷子將香草糖漿刷在蛋糕上。

香緹鮮奶油慕斯
將吉利丁片泡入冷水中。將1/3的鮮奶油加熱至微溫，泡入香草，放入吉利丁。攪打卡士達醬，使其變得柔滑。熱的鮮奶油、吉利丁混合物過篩，和卡士達醬混合成奶油醬，再過篩。打發剩下的2/3的鮮奶油，冷藏備用。待奶油醬冷卻後，混合打發的鮮奶油做成慕斯，冷藏保存。

焦糖鮮奶油霜
將吉利丁泡入冷水中。混合加熱蜂蜜和葡萄糖漿至150℃。將香草泡入熱鮮奶油中，將香草鮮奶油混合蜂蜜和葡萄糖漿的混合物，將一小部分熱的混合物澆在和蛋黃混合。小提醒：混合物的溫度要在60℃以下，否則一澆上去可能會變成蛋餅。將蛋黃混合物倒回小鍋中，繼續加熱並不斷攪拌。當混合物溫度達到83℃時，停止加熱。吉利丁擠乾水分，將吉利丁加入熱的奶油醬中。用手持均質機進行攪拌，過濾，將混合物倒入深盤中，包上保鮮膜，放在陰涼處保存。在比較小的瑪德蓮蛋糕模具（比疊層時的大瑪德蓮蛋糕模具要小一些）中，用刷子刷上一層牛奶巧克力。巧克力凝固後，擠上焦糖鮮奶油霜，冷凍。小提醒：對於吃貨來說，多餘的焦糖鮮奶油霜是麵包片的最佳伴侶，可以在一天中的任何時間享用。

金色表層
隔水加熱可可脂和巧克力，加入色素，充分混合並過濾。

巧克力表層
隔水加熱所有配料，過濾。

裝飾
在較大的瑪德蓮慕斯蛋糕模型中（12×8×8公分）塗上香緹鮮奶油慕斯，放上薩瓦蛋糕，抹上香緹鮮奶油慕斯，讓蛋糕表面變得光滑。將焦糖鮮奶油霜塗在中心處，將香緹鮮奶油慕斯塗在邊沿處。將2塊模型合住，冷凍12小時，取出後脫模。將瑪德蓮慕斯蛋糕紮在竹籤上，在45℃的溫度下，將橙色色素用噴槍披覆在上方，黑色色素用噴槍披覆在下方，將瑪德蓮慕斯蛋糕放在餐盤中。小提醒：如果沒有合適大小的瑪德蓮模型，可以使用圓形模型。比如製作薩瓦蛋糕可以用直徑14公分、高5公分的圓形模型，最後疊層的時候可以使用直徑16公分的圓形模型。

檸檬巧克力果仁醬小老鼠糕點
LA SOURIS PRALINÉ, CITRON & CHOCOLAT

伊奈斯·泰維納爾德、瑞吉斯·佩羅Inès Thévenard et Régis Perrot
（小老鼠和男人們糕點店UNE SOURIS ET DES HOMMES）

在小老鼠和男人們糕點店裡，有書，還有美味的糕點
瑞吉斯和伊奈斯創立這家糕點店的初衷，就是讓人們在閱讀的同時也能品嘗到美味的糕點。這家店像手工藝品店、像茶館、又像書店，它不僅給您提供豐富的書籍，還有純淨又複雜的糕點供您選擇，小老鼠糕點是店裡的招牌。果仁醬和檸檬的搭配，製造出夢幻婚禮的效果，那麼地完美，那麼地不可分割。品嘗時，第一口嘗到的是餅乾的酥脆和榛果牛奶巧克力慕斯的香濃，接著是檸檬軟心帶來驚喜，讓您沉醉其中，欲罷不能。

分量：4～6個　準備時間：2小時　製作時間：15分鐘　冷藏時間：12小時

材料

牛奶巧克力淋面
吉利丁片3片
牛奶30克
鮮奶油30克
葡萄糖漿100克
牛奶巧克力120克
鏡面果膠200克

榛果糖脆餅
紅糖15克
無鹽奶油15克
糕點用麵粉（低筋）15克
榛果粉15克

鹽之花1小撮

薄脆果仁醬
無鹽奶油6克
牛奶巧克力14克
常用帕林內48克
薄脆片24克
碎榛果8克

檸檬奶油霜
雞蛋22克
白砂糖9克
檸檬汁9克
檸檬皮碎2克

無鹽奶油8克

姜都亞醬慕斯
吉利丁片0.5片
牛奶61克
蛋黃14克
白砂糖7克
姜都亞醬58克
鮮奶油58克

裝飾
牛奶巧克力適量
烘焙用小珍珠巧克力適量

作法

牛奶巧克力淋面
將吉利丁浸入冷水中。混合加熱牛奶、奶油和葡萄糖漿至沸騰，將混合物澆在融化的巧克力上，加入吉利丁和鏡面果膠。充分混合後過濾，冷藏保存。

榛果糖脆餅
混合所有配料並擀開，厚度約0.2公分，做出小老鼠的形狀，然後放入烤箱，以150℃烤15分鐘。小提醒：要提前將擀開的配料冷凍好，再用模繪板做出小老鼠的形狀。

薄脆果仁醬
融化奶油和巧克力，加入其它的配料。將薄脆果仁醬平鋪在榛果糖脆餅上方，厚度為0.1公分，冷藏。

檸檬鮮奶油霜
在小鍋中混合加熱雞蛋、白砂糖、檸檬汁和檸檬皮碎至微微沸騰。冷卻至45℃後，加入奶油並攪拌，過篩，鮮奶油霜擠入半球形內，放進冰箱冷凍。

姜都亞醬慕斯
將吉利丁泡入冷水中。製作英式蛋奶醬：在小鍋中加熱牛奶至沸騰。在沙拉盆中打發蛋黃和白砂糖。將牛奶澆在蛋黃、糖混合物上，充分混合後，再倒回小鍋中。中火加熱並不斷攪拌，直至混合物變得稠厚並達到85℃，離火。將吉利丁混入英式蛋奶醬中。將英式蛋奶醬澆在融化的姜都亞醬上，用手持均質機攪拌。將鮮奶油倒入電動攪拌機的攪拌缸中，打發奶油至慕斯狀。姜都亞醬奶油慕斯的最佳使用溫度是30℃，不要猶豫，要立即使用。

裝飾
將姜都亞醬慕斯倒在水滴狀的模具中，放上半球形的檸檬鮮奶油霜，再用果仁醬慕斯覆蓋，放上蓋有薄脆果仁醬的榛果糖粉奶油細末，冷凍12小時，脫模。在32℃的溫度下使用牛奶巧克力淋面醬做鏡面。最後用牛奶巧克力製作小老鼠的耳朵，用珍珠巧克力製作小老鼠的眼睛和鼻子。

榛果巧克力布列塔尼沙布列
SABLÉ BRETON CHOCOLAT ET NOISETTE

揚尼克‧特朗尚Yannick Tranchant（內瓦餐廳NEVA CUISINE）

太一致的柔滑會讓人厭煩，我喜歡在蛋糕中集合多種口感。

內瓦餐廳不僅提供極致美味的菜肴，它也是彙聚各種美味糕點的神祕殿堂。揚尼克‧特朗尚製作的糕點精緻、美味又出眾，不比任何巴黎糕點店裡的糕點差。他在糕點製作中追求純粹與真實，他的作品從頭到尾都體現著這些標準：「當我們要在蛋糕中加入香草時，我們就加入真正的香草，不論製作什麼都是一樣。」草莓塔也是揚尼克特朗尚的拿手之作，草莓和野草莓是這款糕點的主要原料。對於巧克力來說，也是一樣，他憑藉自己精湛的技巧，玩轉巧克力的各種質地，做出不同凡響的巧克力擇來。最後的步驟仿佛一氣呵成，豐富的層次盡在其中，慕斯、甘納許、焦糖榛子、布列塔尼沙布列、鹽之花等，所有的一切，靜待您的品嘗。

分量：6塊　**準備時間：**1小時　**製作時間：**20分鐘　**冷藏時間：**4小時

材料

布列塔尼沙布列
奶油（軟化）250克
糖粉100克
鹽之花2克
杏仁粉40克

可可粉40克
蛋黃30克
麵粉190克

巧克力香緹鮮奶油
Madong專業可調溫

巧克力100克
鮮奶油200克

巧克力鮮奶油霜
英式蛋奶醬500克
Madong巧克力380克

裝飾
烤榛果適量
碎蛋白霜適量

作法

布列塔尼沙布列
在電動攪拌機的攪拌缸中混合軟化奶油、糖粉、杏仁粉、鹽之花和可可粉，再加入蛋黃和麵粉攪拌均勻。將麵團擀成厚度0.5公分的麵皮，放入直徑20公分的環形模具中，模具內要提前塗好奶油。放入烤箱，在170℃的溫度下烤20分鐘。

巧克力香緹鮮奶油
隔水加熱融化巧克力。打發香緹鮮奶油，打成挺立狀態。混合2種配料，將混合物裝入帶擠花嘴的擠花袋中，擠花嘴要帶有凹槽。

巧克力鮮奶油霜
將英式蛋奶醬倒入事先隔水加熱融化的巧克力中，讓混合物發生乳化作用後，放進冰箱冷藏至少4小時。

裝飾
用擠花袋擠出香緹鮮奶油，製作圓形花飾，中間要穿插使用巧克力鮮奶油霜製作圓形花飾，這樣穿插開來整體會顯得更加和諧。最後裝點上烤榛果和碎蛋白霜即可。

妙M

吉田守秀Mori Yoshida

日式精品與法式糕點的完美結合

似乎吉田守秀的甜點一出現，就迅速佔據了巴黎人的心。吉田守秀店鋪裡的糕點實至名歸，這都得益於他在烘焙中的嚴謹、用心和無盡的熱情。他嘗試過不同的糕點，從巧克力糖果到蒙布朗，再到小蛋糕和千層，每一種都那麼的精巧。他對糕點的口味也非常講究，造型、自然的顏色、酸味、季節性都是他考慮的因素。「妙」這款糕點是吉田守秀的招牌之作，口感驚人地豐富，完美地平衡。楓糖鮮奶油輕柔，含糖量恰到好處，巧克力楓糖慕斯恬淡、綿柔，橘子果醬清麗鮮明，榛果餅乾揉合了野芑和榛果的味道，鬆脆、持久，極盡美味，真是一款唯美的糕點。

分量：4人份　**準備時間**：2小時30分鐘　**製作時間**：20～25分鐘　**冷藏時間**：12小時

材料

榛果鳩康地蛋糕體
榛果粉93克
杏仁粉56克
糖粉93.5克
雞蛋112克
蛋白50克／62.5克
麵粉30克
奶油75克
白砂糖35克

榛果牛軋汀
白砂糖45克

奶油37.5克
葡萄糖漿15克
鮮奶油11克
榛果100克

柑橘粒
小柑橘5個
白砂糖50克

楓糖焦糖奶油
楓糖34克
鮮奶油112克
蛋黃37克

粗紅糖12克
吉利丁片2克
鮮奶油42克

楓糖巧克力慕斯
鮮奶油102克
楓糖22克
鮮奶油45克
蛋黃18克
粗紅糖11克
法芙娜圭那亞專業可調
溫巧克力57克

巧克力淋面
法芙娜圭那亞專業可調
溫巧克力46克
帕林內（praliné）14克
鮮奶油125克
轉化糖漿17克
白砂糖14克
楓糖糖漿17克
吉利丁片4克

裝飾
法芙娜吉瓦納專業可調
溫巧克力適量

作法

榛果鳩康地蛋糕體

混合榛果粉、杏仁粉和糖粉並過篩，倒入電動攪拌機中的攪拌缸中，加入雞蛋和50克蛋白，打發混合物。打發的同時，將麵粉過篩。將奶油放入大碗中，隔水加熱融化奶油。打發蛋白霜：將62.5克蛋白倒入電動打蛋器的攪拌槽中，用打蛋棒攪打出豐富的泡沫，一點一點地加入白砂糖。取1/3榛果杏仁粉混合物，和融化的奶油混合。用刮刀將過篩的麵粉加入2/3的榛果粉混合物中，最後將奶油、麵粉、混合物全部摻在一起，小心地攪拌。在30×40公分的烤盤上鋪上烘焙紙，放上1個方形模型，將餅乾糊倒入方形模型中，放入烤箱，170℃烤20分鐘，冷卻後脫模。用木頭蛋糕模型將餅乾切出長條形，放在烤架上。

榛果牛軋汀

將白砂糖、奶油、葡萄糖漿放在一個大鍋中，中火加熱，直至糖漿顏色變為漂亮的棕色，加入熱的鮮奶油並混合。小提醒：鮮奶油必須是熱的，這樣可以避免糖漿因溫差而變成糖塊結晶。加入榛果，充分攪拌後將榛果牛軋汀放在鋪有矽膠墊的烤盤上，放入烤箱，160℃烤20～25分鐘，冷卻後放在砧板上，切成長1公分的小塊，放置備用。

柑橘粒

將小柑橘洗淨、去皮，切成小丁，放在小鍋中，加糖，加熱至沸騰，充分攪拌，避免糊底。自然冷卻後倒入帶有擠花嘴的擠花袋中，在陰涼處保存。

楓糖焦糖鮮奶油

將楓糖倒入小鍋中，加熱至產生出焦糖。倒入熱鮮奶油，融化焦糖，做成焦糖醬。在碗中，用打蛋器打發蛋黃和粗紅糖，直至混合物發白。將1/3的楓糖焦糖醬倒在蛋黃和粗紅糖的混合物中攪拌，並將混合物倒回小鍋中，充分攪拌直至混合物質地變得像英式蛋奶醬一樣。也就是說，當我們將湯匙放入混合物中時，混合物要能夠包裹在湯匙上。小鍋離火，加入事先泡軟的吉力丁片混合攪拌。讓楓糖焦糖混醬合物的溫度下降到10℃，用電動打蛋器打發鮮奶油，不要打過頭了，奶油還要有足夠的泡沫。當楓糖焦糖混合物的溫度下降到10℃時，小心地加入打發的鮮奶油，立即使用。在木頭模具中鋪上長15公分的塑膠保鮮膜，在模具底部均勻地鋪上一層柑橘粒，再鋪上一層楓糖焦糖鮮奶油，不要填滿模具，留下一半的空間，冷凍至少6小時，脫模後繼續冷凍保存。

楓糖巧克力慕斯

用電動打蛋器打發鮮奶油，鮮奶油質地不要太硬。在小鍋中加熱楓糖，煮到焦糖，用鮮奶油混合焦糖。在碗中混合蛋黃和粗紅糖，像製作英式蛋奶醬那樣，將1/3的楓糖焦糖倒在蛋黃和粗紅糖的混合物中攪拌，並將混合物倒回小鍋中。充分攪拌直至混合物質地變得像英式蛋奶醬一樣，澆在黑巧克力上，使其乳化。最後，小心地將鮮奶油加入到巧克力鮮奶油中做成慕斯，立即使用。將長15公分的木頭蛋糕模具洗淨，鋪上塑膠保鮮膜。倒入楓糖巧克力慕斯，將冷凍好的焦糖鮮奶油放在楓糖巧克力慕斯上，均勻地撒上一些小塊的榛果酥，蓋上海綿餅乾底，注意要壓緊一些，讓餅乾底與慕斯充分貼合，冷凍至少6小時。

巧克力淋面

將巧克力和榛果醬放入大碗中。在平底鍋中加熱鮮奶油、轉化糖漿、白砂糖和楓糖糖漿，離火後加入事先泡軟的吉利丁片充分攪拌。將鮮奶油一點一點地澆在巧克力和榛果醬的混合物上，就像製作甘納許一樣，用刮刀進行攪拌，使混合物乳化，放置備用。

裝飾

加熱淋面至26℃，充分攪拌至均勻。冷凍慕斯脫模，先取下保鮮膜，將甜點放在烤架上，烤架下方放一個托盤。將鏡面均勻地淋在甜點上，輕輕敲打烤架，讓多餘的淋面流下。將做好的慕斯甜點放在盤中，用可調溫的巧克力製作巧克力裝飾，在鏡面未完全凝固之前，將巧克力裝飾物小心地擺在甜點上方。

發現 點心烘焙

造型饅頭：
新手也能做出超萌饅頭

許毓仁 著／楊志雄 攝影
定價 450元

乳牛、哈士奇、聖誕老人、財神爺……通通變身健康又好吃的饅頭！從基礎塑型到進階組裝，跟著詳盡的圖解步驟，Step by Step輕鬆做出40款卡哇伊造型饅頭一起走進萌萌的饅頭世界！

100℃湯種麵包：
超Q彈台式+歐式、吐司、麵團、麵皮、餡料一次學會

洪瑞隆 著／楊志雄 攝影
定價 360元

湯種麵包再升級，從麵種、麵皮、餡料到台式、歐式、吐司各種風味變化100℃湯種技法大解密！20年經驗烘焙師傅，傳授技巧，在家也可做出柔軟濕潤，口感Q彈的湯種麵包。

舞麥！麵包師的12堂課

張源銘（舞麥者）著／定價 300元

一個媒體界的老兵，烘焙界的門外漢，放下執筆之手遠赴澳洲取經，從基礎開始，認識麵粉麥種，瞭解筋度、拳養野生天然酵母，歷經多次失敗、嘗試，終於以台灣野生酵母、小農食材，烘焙出健康、營養、充滿麥香的麵包！

懷舊糕餅90道：
跟著老師傅學古早味點心

呂鴻禹 著／定價 420元

累積50年經驗的糕餅師傅，傳統手藝與製作技術大公開。不論是入口即化的雪片糕、豬油糕，層層酥脆的蒜頭酥、太陽餅，或是香甜可口的麻花卷、沙其馬……，只要跟著步驟圖操作，讓你在家也能做出90種記憶中的懷念滋味。

懷舊糕餅2：
再現72道古早味

呂鴻禹 著／楊志雄 攝影
定價 435元

傳承老師傅手中的好味道，重溫古早味點心的好滋味！不論是口感綿密扎實的龍蝦月餅，或是流傳百年的繼光餅，還是古早味茶點芝麻瓦餅、棗仔枝……這些吃在嘴裡，卻有著世代共同記憶的美好味道，不用再尋尋覓覓，在家就能照著做！

懷舊糕餅3：
跟著老師傅做特色古早味點心

呂鴻禹 著／楊志雄 攝影
定價 450元

不論是和菓子中晶瑩剔透、浪漫美麗的櫻羊羹和水羊羹，中國宮廷點心艾窩窩，或是台灣古早味草仔粿、芋粿巧，以及口感綿密的百菓賀糕、鰻魚酥餅……。都不再只是存在記憶中了，跟著作者的巧手配方與技術，在家就能照著做。

總有一家咖啡館在等你：
咖啡因地圖

林珈如(Elsa) 著／定價 380元

她是最完美的咖啡館領路人……帶你探訪55間全台最值得去的咖啡館。街角的咖啡館有著連老饕也瘋狂的絕妙蛋糕，在生活壓力的堆疊下，吃上一份能讓人愉悅無比的點心，能讓你精神為之一振！

Home café家就是咖啡館：
從選豆、烘豆、到萃取，在家也能沖出一杯好咖啡

黃虎林 著／邱淑怡 譯
定價400元

想要在家烘出好豆、煮出美味咖啡，跟著本書，讓我們當自己的咖啡師！由專業咖啡大師傳授各種咖啡技巧，從認識萃取機具、選豆祕訣、到烘豆手法；一步步跟著做，讓家就是咖啡館！

想開咖啡館嗎？
咖啡師的進擊！環遊世界，只為一杯好咖啡

具大會（구대회）著／陳曉菁 譯
價 400元

這是一本咖啡狂熱者（Coffeeholic）的羅曼史，也是有志經營咖啡店者的全方位指南！跟隨作者的腳步，走訪世界各地的咖啡館與咖啡農場，見識五花八門的沖煮與飲用方式，體驗千奇百怪的咖啡文化！

咖啡機聖經3.0

崔範洙 著／陳曉菁 譯
定價 380元

啡機決定咖啡的味道，能掌控好咖啡機，更是萃取出一杯好咖啡的首要條件。想開咖啡館，你一定要學會掌控咖啡機。想萃取一杯優質咖啡，要留心那些細節？關鍵項目深入剖析，獨家經驗公開傳授。

咖啡沖煮大全：
咖啡職人的零失敗手沖祕笈

林蔓禎 著／楊志雄 攝影
定價 350元

想沖出好咖啡，卻始終抓不到訣竅嗎？書中「職人小傳」、「咖啡職人的咖啡館」，分享咖啡師接觸咖啡與開店經營的心得，不論是剛開始接觸咖啡的新人，或更加精進沖煮技巧，本書將會是你唯一選擇！

烘豆大全：
首爾咖啡學校之父的私房烘豆學

田光壽 著／陳曉菁 譯
定價 488元

選豆Ｘ烘豆Ｘ配豆，首爾咖啡學校之父教你掌握三大關鍵，喚醒咖啡豆的原有味道與香氣，烘出香醇迷人的風味咖啡！咖啡豆烘焙得好，咖啡味道自會很迷人。一個優秀的烘豆師，可以讓咖啡豆從沉睡的味道與香氣覺醒過來。

60 位 法國甜點大師
的招牌甜點

一次學會法國最具代表性甜點大師的拿手絕活，帶你一窺法國甜點的魅力

作　　　者	拉斐爾‧馬夏爾 Raphaële Marchal	總 代 理	三友圖書有限公司
譯　　　者	張婷	地　　　址	106台北市安和路2段213號4樓
譯文審定	于美芮	電　　　話	(02) 2377-4155
編　　　輯	黃埕勻	傳　　　真	(02) 2377-4355
校　　　對	林憶欣、徐詩淵	E － mail	service@sanyau.com.tw
美術設計	何仙玲	郵政劃撥	05844889 三友圖書有限公司
發 行 人	程安琪	總 經 銷	大和書報圖書股份有限公司
總 策 畫	程顯灝	地　　　址	新北市新莊區五工五路2號
總 編 輯	呂增娣	電　　　話	(02) 8990-2588
主　　　編	徐詩淵	傳　　　真	(02) 2299-7900
編　　　輯	林憶欣、黃埕勻		
	林宜靜、鍾宜芳	製版印刷	卡樂彩色印刷製版有限公司
美術主編	劉錦堂		
美術編輯	黃珮瑜	初　　　版	2019年02月
行銷總監	呂增慧	定　　　價	新台幣480元
資深行銷	謝儀方、吳孟蓉	I S B N	978-986-364-138-4（平裝）
發 行 部	侯莉莉	◎版權所有‧翻印必究
財 務 部	許麗娟、陳美齡	書若有破損缺頁 請寄回本社更換
印　　　務	許丁財	
出 版 者	橘子文化事業有限公司	

Published in the French language originally under the title:
A la folie
© 2016, Tana éditions, an imprint of Edi8, Paris
Complex Chinese edition arranged through Dakai – L'agence

國家圖書館出版品預行編目 (CIP) 資料

60 位法國甜點大師的招牌甜點 / 拉斐爾．馬夏爾
(Raphaële Marchal) 著 . -- 初版 . -- 臺北市：橘子
文化 , 2019.01
　　面；　公分
譯自：à la FOLIE
ISBN 978-986-364-138-4(平裝)
1. 點心食譜 2. 法國
427.16　　　　　　　　　　　　　　107023928

三友圖書有限公司 收
SANYAU PUBLISHING CO., LTD.

106 台北市安和路2段213號4樓

三友圖書
讀書俱樂部

「填妥本回函，寄回本社」，即可免費獲得好好刊。

粉絲招募
歡迎加入

臉書／痞客邦搜尋
「三友圖書-微胖男女編輯社」
加入將優先得到出版社提供
的相關優惠、
新書活動等好康訊息。

親愛的讀者：

感謝您購買《**60位法國甜點大師的招牌甜點：一次學會法國最具代表性甜點大師的拿手絕活，帶你一窺法國甜點的魅力**》一書，為回饋您對本書的支持與愛護，只要填妥本回函，並寄回本社，即可成為三友圖書會員，將定期提供新書資訊及各種優惠給您。

姓名 _____ 出生年月日 _____

電話 _____ E-mail _____

通訊地址 _____

臉書帳號 _____

部落格名稱 _____

1 年齡
☐18歲以下　☐19歲～25歲　☐26歲～35歲　☐36歲～45歲　☐46歲～55歲
☐56歲～65歲　☐66歲～75歲　☐76歲～85歲　☐86歲以上

2 職業
☐軍公教 ☐工 ☐商 ☐自由業 ☐服務業 ☐農林漁牧業 ☐家管 ☐學生
☐其他 _____

3 您從何處購得本書？
☐博客來　☐金石堂網書　☐讀冊　☐誠品網書　☐其他 _____
☐實體書店 _____

4 您從何處得知本書？
☐博客來　☐金石堂網書　☐讀冊　☐誠品網書　☐其他 _____
☐實體書店 _____ ☐FB（三友圖書-微胖男女編輯社）
☐好好刊（雙月刊）　☐朋友推薦　☐廣播媒體

5 您購買本書的因素有哪些？（可複選）
☐作者 ☐內容 ☐圖片 ☐版面編排 ☐其他 _____

6 您覺得本書的封面設計如何？
☐非常滿意 ☐滿意 ☐普通 ☐很差 ☐其他 _____

7 非常感謝您購買此書，您還對哪些主題有興趣？（可複選）
☐中西食譜　☐點心烘焙　☐飲品類　☐旅遊　☐養生保健　☐瘦身美妝　☐手作　☐寵物
☐商業理財　☐心靈療癒　☐小說　☐其他 _____

8 您每個月的購書預算為多少金額？
☐1,000元以下　☐1,001～2,000元　☐2,001～3,000元　☐3,001～4,000元
☐4,001～5,000元　☐5,001元以上

9 若出版的書籍搭配贈品活動，您比較喜歡哪一類型的贈品？（可選2種）
☐食品調味類　☐鍋具類　☐家電用品類　☐書籍類　☐生活用品類　☐DIY手作類
☐交通票券類　☐展演活動票券類　☐其他 _____

10 您認為本書尚需改進之處？以及對我們的意見？
_____

感謝您的填寫，
您寶貴的建議是我們進步的動力！